台灣

THE MAP OF
OBSERVING STARS

觀星地圖【修訂版】

圖・文◎楊德良、鄭恣齡

晨星出版

【推薦序】

　　台灣觀星地圖是台灣第一本自助觀星旅遊書籍，把全省觀星景點一一列出，以圖文並茂的方式，詳實描述景點的地理位置、交通、住宿、觀星條件及相關資訊，非常符合現代人的需求。

　　我熟識的楊德良先生，從小熱衷天文，德良先生為了介紹台灣的觀星環境，以親身體驗的方式，全省走透透，更以精湛的攝影技術，將美麗的星空捕捉下來，呈現於書中，並以深入淺出的方式，介紹觀星前的準備及如何選用適合的望遠鏡等，將經驗與大家分享，更期盼大家都能在休閒旅遊的同時，用望遠鏡、照相機為星星留下倩影，欣賞瑰麗的星空。

　　目前國內休閒旅遊的風氣逐漸流行，台灣觀星地圖於此時修訂出版，亦提供了國人旅遊的一種另類選擇，當夜晚親朋好友聚在一起，仰望繁星點點的星空時，你能說出天邊其中一顆亮星的名字，是多麼令人欽佩、羨慕，再利用望遠鏡觀察星星，那種樂趣真是無與倫比，也才能真正體會到宇宙的浩瀚。感謝德良先生，藉由這本書將天文教育的觸角，推廣至旅遊市場。

台北市立天文科學教育館

館長

邱國光

【推薦序】

浩瀚夜空，繁星點點……

美麗、靜謐的山野；神祕，尋星的探險，

我們走入了銀河，眾星瞇眼，月光竊笑；

別急，讓星友—德良先生以專業的角度，引尋大家追星！

飛狼山野教育中心

飛狼正
徐鴻煥

【自序】

「月是故鄉明」，我經常洽公出國參展，便會和我的老婆與小孩分隔兩地，每當在夜晚想起他們時，我會抬頭仰望星空，並告訴月娘與星子們說：我很想念他們，以及我的家—「台灣」。

從幾年前開始，我和老婆均醉心於「攝」獵浩瀚的星空，是標準的「追星族」。每逢朔月夜晚天公作美之時，台灣的高山百岳，便是我們拍攝星星的好地方，到了白天則成為拍攝「高山鳥類」的天堂。如此的日夜接力，帶著沉重的儀器，即使犧牲睡眠的時間，再累再冷也值得，因為我們從觀賞星空中，得到了一種獨特的快樂。

「越夜越美麗」，我們相信只要靜下心來觀賞這美麗的星空，體會滿天星斗綻放的燦爛色澤，心靈最深處的感情將會因而被觸動。隨著時空悄悄地流逝，季節與星空不停地轉變，呈現一種有秩序的美感，增添科幻的想像空間，使內心不斷湧起無限的深情與思念，然後在不知不覺中，踏入星星的故鄉。

近幾年來，陸續發生了許多天文現象，讓國人對於天文知識的增進及望遠鏡的應用日漸濃厚，希望能藉由這本「台灣觀星地圖」修訂版，帶給大家更豐富的觀星知識，及更紮實的賞「星」悅目概念，只要跟著我們的腳步，逐步探索，相信有一天你也會愛上「它」。

星星知我倆心~William Yang & Jennifer Cheng

楊德良　　　　　　　　　　鄭蕊齡

CONTENTS

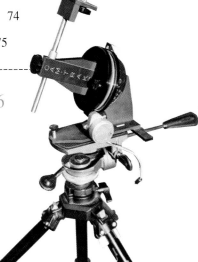

CONTENTS

附錄篇・162

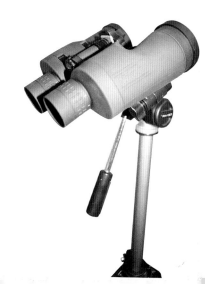

台灣的星空

肉眼下的星空世界

　　真的需要透過巨大的天文望遠鏡，才能認識天空中的星星嗎？其實不然，我們的祖先早在幾千年前，就以肉眼觀測完全無光害的美麗星空。星座也是由肉眼觀察制定的，所以一般人辨認星座不需要任何望遠鏡，其他如流星或流星雨，也是最適合用肉眼觀測的天文現象。

　　當然，在沒有任何望遠鏡的幫助下，所能看到的較有限，但依然可清楚地看到星座的全景，雖然只單憑雙眼，但4億年前撞擊在月球上的隕石坑洞，依舊可用肉眼看見，傳說中的月兔及月球人，也流傳了一段很長的時間，直到阿姆斯壯登入月球後，才

月亮西沈。（Megrez 480mm望遠鏡曝光1/8秒）

在M31星系肉眼可見的仙女。（300mm F/4拍攝 Nikon）

大麥哲倫與小麥哲倫星系，必須到南半球才看得到。（王為豪 攝）

台灣觀星地圖

金星東昇。（50mm 鏡頭曝光5分）

14

解開了這個謎。

在夜間，除了看得到滿天的小星星之外，其實太陽系裡的水星、金星、火星、木星及土星，也都可憑肉眼看見，這些行星成員會在不同季節中出現。另外，在地球上也可欣賞到88個全天的星座（有6個星座在台灣不可見），由於地球自轉所造成的星空運轉，隨著季節及位置的不同，也會有不同的星座變化（並非在同一個地區及季節，均可見到這88個星座）。

另外，還有許多無光害時用肉眼即可看見的星雲、星團等，如金牛座的M45昴宿星團（七姐妹）及獵戶座的M42火鳥星雲，都是用肉眼就可觀測得到。

在夏夜裡，不妨抬頭仰望那似璀璨寶石般所組成的銀河，猶如神話中從奶瓶中流灑出來的牛奶帶Milkyway，真令人著迷。

在人類眼睛可見極限中，也可看到3個較亮的系外銀河，它們分別是仙女座星系M31、南天大麥哲倫星系及小麥哲倫星系。

M45七姐妹。

M42火鳥星雲。

變化多端的四季星空

　　星空不停地轉變是隨著地球自轉及公轉造成的，因此我們在春夏秋冬的夜裡，所看到的星座也都不同，星空中的運轉全部以每小時15度由東向西昇起。

　　月球每天平均遲緩約50分鐘由東昇起，比其他星星移動更慢。距離我們較近的水星、金星、火星、木星及土星，也都在黃道附近的固定軌道上運行。辨認時，可參考星座盤、星圖及天文年鑑。

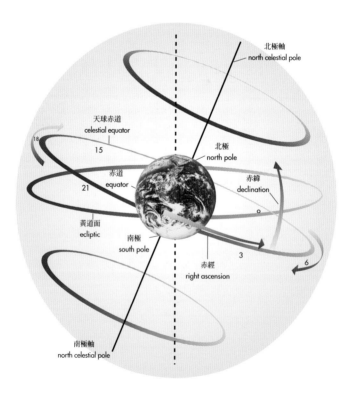

地球自轉與星跡的原理。

地球自轉所造成的星流跡。（使用400度底片 拍攝約2小時於合歡山）

城市裡的星空

　　辨視星座並不需要在完全無光害之上才能看到，在城市中也能觀賞到不少星座、行星及各個種類的雙星。

　　人的肉眼所能看到的最暗星等是六等星，但自從愛迪生發明電燈後，加上現代的空氣污染造成光害現象，想在都市中看見六等星，簡直是天方夜譚。有些地方連看見三等星都有困難。

　　台灣的光害如同人口迅速成長，透過人造衛星在夜間拍攝到的台灣，可清楚看見東部及西部的光害相當嚴重，唯一無光害的地方，只剩下中央山脈裡的高山。

　　這些光害全部來自城市中的路燈及霓虹燈，對於天文觀測上的影響就大打折扣了，只能看到較亮的星座及行星。

　　本書推薦的最佳觀測地點，大部分都在高山上，若你是剛開始學習辨認星座的人，還是到都市近郊較適合，最好是只能看到四等星的地方，因為過猛的滿天星斗，對於初學者來說，算是一大考驗！筆者就曾見過一個天文社團第一次到阿里山觀星，看到滿天星斗時，幾乎連夏季最明顯的天蠍座、人馬座都連不出來。

城市中的霓虹燈跟月亮，的確大大影響了觀測條件。（攝於埔里附近）

與孩子們欣賞星空之美

　　在天候較佳的夜裡，若有機會，不妨與你的小孩共同享受辨認星星的樂趣，不僅能增進親子關係，且對天文知識有更多的認知，一舉兩得。

觀星的技巧

　　如果能簡單學習幾種測量方法及作好事前準備，必定能稱心如意，享受全夜晚的星河大餐。

　　當我們剛進入一個沒有燈光的房間時，一開始一定會看不到任何東西，只見一片漆黑，但經過一小段時間，你會慢慢發現周邊的事物漸漸呈現出來。觀測星星也是相同的道理。在夜裡剛下車時，一開始只見到幾十顆星星，過了十分鐘後竟然是滿天星斗，眼睛的瞳孔會因自動適應星空的亮度而逐漸增大。

觀星的基本配備

對觀星有興趣的朋友們，在觀測時需要準備哪些必需品及各式工具呢？依據不同天體觀測，包括太陽、月亮、行星、星雲、星團及星系，在配備上可分為以下數項：

（一）①天文望遠鏡——行星、星雲、星團、星系、月面、太陽。

②雙筒望遠鏡——較亮的星雲、星團、星系。

③肉眼——星座認識（以標準1.2的視力）。

（二）星圖——標準7.5等星圖。

星雲、星團專用星圖——依據星座來尋找星雲、星團、星系等，如M系列【梅西爾】、NGC系列【New General Catalog】。

天文參考書是觀星人必備的工具之一。

　　星圖專門用來記載全天的星座、星雲、星團、雙星星系等多種天體，其中還標示它們的光度、位置及出現的季節時間。星圖還可分為南半球及北半球，大部分我們使用的都是北半球星圖。

　　（三）星座盤

　　旋轉星座盤可於夜間立即找出當時的星座位置，整個星座盤包含全天星座的分布，對於初學者有極大的幫助，對於使用赤道儀而需要對準極軸點的朋友，星座盤亦是入門者不可缺少的工具之一。

　　（四）天文年鑑

　　此類書籍介紹全年度的天文現象，如太陽月球、行星每天的出沒時間、位置、星等亮度、視直徑大小等變化，其中還包含土星、木星的衛星移動方向位置。彗星、流星雨、日食、月食等天文大事預報本年鑑，可讓你全程掌握觀測的計劃。

　　（五）指南針

　　指南針可於夜間辨識方向，因此可輕易找到北極星的蹤跡。如果在白天架設赤道儀，也可利用指南針或羅盤做為對準極軸的方向。

（六）筆記本用具

為了記錄觀測或拍攝的心得、時間、位置、方向、大小、顏色等，筆、紙等文具用品是不可或缺的。

（七）手電筒

在夜間行動時，應準備兩支紅光手電筒，一大一小，作為故障時備用。我們之前已說明過，需使用紅色玻璃紙包住前方的燈光，才不會過度刺眼。

（八）計時器

可記錄開始及結束的時間，如：夜光手錶、馬錶聲音、報時機均可採用。

（九）食物及衣服

在高山上，日夜溫差變化極大，食物及衣服是絕對不可缺少的重要項目，在冬天夜裡，溫度經常會降至零度以下，所以衣物必須能耐寒，雪衣、雪褲、圍巾、手套、帽子都需齊備。另外，懷爐也兼具保暖、除濕兩大功能，能去除寒意及除鏡頭上的露水。

在深山野嶺中，前不著站，後不著村，只好自行解決民生問題，盡可能準備一些簡單易煮的食物，如：麵食、餅乾、巧克力等，都是能補充熱量的食物，以免在山上因受到酷寒而失溫，反而影響了觀星的心情及健康。

（十）寢具

在山中若沒有旅館，帳蓬、睡袋及睡墊則是必備工具。（帳蓬的搭設地點也需注意是否安全，如：河床間、山壁下都是危險地區）

攝影器材的搬運與架設，的確是很麻煩的事情。

由左至右
顏旭山 13公分折射鏡
林本初 15公分折射鏡
李佩儒 18公分折射鏡

簡易的赤道儀與望遠鏡組合，非常適合親子同樂，且能輕鬆享受觀星的樂趣。

（十一）攝影器材——工欲善其事，必先利其器。

天文攝影的相機如Nikon FM-2、Pentax 67及各種數位相機機種，在選購時應該買B快門不耗電的機械相機。另外，底片也很重要，在天文攝影種類的部分，將有更詳細的介紹。

其他器材像是William Optics 、Astro-Physics及Takahashi的赤道儀，也都是目前市面上的優良器材，價位從6～10萬元以上都有，一旦接觸之後，就得努力存錢以購買這些器材。

自製紅光手電筒

　　大多數的天文觀測者，都會利用手電筒包上一層紅色玻璃紙，用來作為夜間照明星圖的工具。因為，紅色的燈光對我們的眼睛來說，比較不會刺眼。

　　當瞳孔一旦適應黑暗的觀測環境時，盡可能不要再看到太亮的燈光，如此才能發揮眼睛所能看到的極限星等。

　　※所需材料：手電筒1支、玻璃紙1張、橡皮筋1～2條。

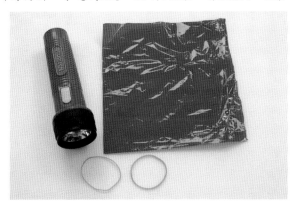

　　※紅光手電筒完成圖：

用手掌測遠近及大小

台灣觀星地圖

　　用手掌測遠近及大小，我們在天文學上常聽到以幾分、幾秒角來測量天體的距離及大小。舉幾個例子來說，90度的距離就是從地平線至天頂中心，月球及太陽的直徑為 30分角（1/2度），人類的眼睛在分解細部時，最多可達約1分角，相當於60秒角。平時若常練習應用手掌來測量星空，你將會對於星河中各種大小星座、星體的角度距離，有更深刻的認知。

　　綠光雷射指引器（Green Laser pointer）是近年研發出來的天文新利器，它對於夜間星空教學有極大的幫助。此款Laser Sky finger擁有強大的照射能力，輕輕鬆鬆即可照射3～5公里之遠，若使用不當將會傷害靈魂之窗，購買後請記得收好，不要讓小朋友輕易拿來當玩具使用。

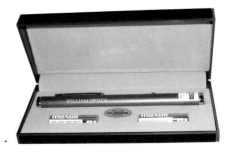

綠光雷射指引筆。

利用手掌可測量出天體間的距離。

如何選購雙筒望遠鏡

　　有人認為看星星一定要用天文望遠鏡才能看得清楚，非得要高倍率才能進行天文觀測，其實這些都是不正確的觀念，天文望遠鏡雖然倍率高，但是沒有雙筒望遠鏡來的靈巧便利，不但笨重、攜帶不便，且沒有雙筒望遠鏡廣視野、正立像等優點，所以無論是初學者或玩家，雙筒望遠鏡絕對有其使用上的重要性。不要再誤認雙筒望遠鏡是低階、入門專用的望遠鏡，它除了觀星之外，同時兼具賞鳥、看風景、看球賽等多方面用途。

　　雙筒望遠鏡是利用2支低倍率單筒望遠鏡（7～12倍）組合而成，可輕鬆攜帶至野外，盡情享受自然之美，也是不可或缺的賞星工具之一。

　　一般人在預算不足的情況下，常常無法買到好品質的天文望遠鏡，但你絕對可以用相同的價錢，買到一支理想的雙筒鏡，使用一輩子。

雙筒望遠鏡其中之旗艦型號20x50型採用平像鏡片，使觀景更加真實。

至於該選擇何種雙筒望遠鏡呢？筆者認為，選購雙筒望遠鏡最重要的不外乎：符合需求、看得清楚、價格合理、維修方便。在初學階段，不一定要買很好、很貴的東西，但也不要貪小便宜，買到會傷眼睛的望遠鏡，畢竟眼睛是我們的靈魂之窗。因此，在選購一台適合自己的雙筒望遠鏡時，最重要的是選擇一家信譽良好、專業、服務親切、價格合理的光學儀器公司，提供完善的品質保證及售後服務，讓你的雙筒望遠鏡無論在維修、調整、清潔上，均無後顧之憂，再經過專業分析及解說後，你更能瞭解哪一種類型及品牌較適合自己使用。等你成為一位有經驗的觀測者後，自然有能力去評估更頂級、專業或更大口徑的需求。

適合天文觀測的雙筒望遠鏡

　　天文觀測之雙筒望遠鏡的影像越亮越好，與亮度關係最密切的就是口徑，口徑越大、集光力強、解析度也越佳，相當適合天文觀測使用，但重量也需列入考量之一，口徑建議至少使用4～5cm以上。對初學者來說，7×50視野較廣，捕捉到目標的機率較高，因此用7×50是最保險的建議。但是筆者有不同的看法，我喜歡10×50的雙筒望遠鏡，倍率提高一些，觀察效果真的有差。在有些光害的地區，7×50"集光（害）"的能力也很強，常有被

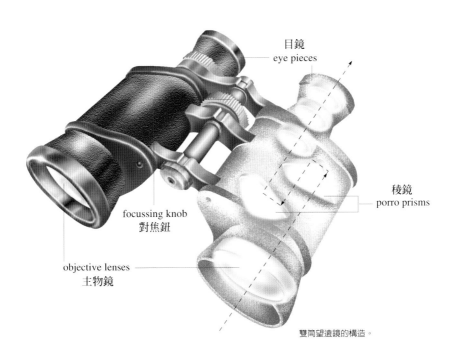

目鏡
eye pieces

稜鏡
porro prisms

focussing knob
對焦鈕

objective lenses
主物鏡

雙筒望遠鏡的構造。

多元化的雙筒望遠鏡，能滿足各種消費者不同的需求。

幫倒忙的感覺。5cm以上的口徑或10倍以上倍率的雙筒望遠鏡，
很可能需要三腳架來輔助。雙筒望遠鏡適合用來觀測散光星雲、
疏散星團、月面坑洞等。使用雙筒鏡的最佳方式為躺在舒服的椅
子上觀測，最好還能有適度調整角度及支撐的扶手。

購買前的基本測試

觀星的技巧

　　大多數便宜的雙筒望遠鏡多少都會有些問題，尤其可以輕易發現兩邊的光軸中心不平行（兩邊影像無法重合），光軸稍微不準，一時之間不易查覺，但觀測一段時間後，會開始頭暈、流淚、感覺不舒服。但要如何測試光軸的準確度呢？首先使用手掌或一本書，蓋住其中一邊的鏡片，集中地面上的一個物體看幾秒（雙眼必須張開），當你確認集中目標後，再把書蓋到另一邊的鏡片。（人類的大腦記憶可瞬間分辨影像是否同軸或是分開）

使用有品牌的雙筒望遠鏡，通常比較有保障。

35

望遠鏡的認識與選擇

　　一部真正高性能的望遠鏡，在價格上並不便宜，一旦購買了就能使用很久。因此，購買前要先瞭解及慎重考慮自己的需求、預算，並對公司的專業度及後勤維護的能力，有所評估及認知，待各種情況都瞭解後，購買了才不會後悔。接下來再看看購買望遠鏡時還需注意的事項。

　　選擇口徑大小是購買望遠鏡時最重要的關鍵，無論你買的是折射式、反射式或任何優秀的光學材質，口徑大小可以決定集光力及分解能的強弱，比方說，在同一個倍率觀測條件下，使用口徑10公分折射式與20公分反射式觀看行星，你會發現口徑20公分的細節，一定比折射式還清楚，但這並不代表折射式比反射式差，而是口徑大的優點就是如此簡單。

【望遠鏡的口徑性能極限】

口徑（英吋）	口徑（公釐）	極限星等	分解能（秒角）	最高可用倍率
2.4	60	11.6	2.00	120X
3.1	80	12.2	1.50	160X
4	100	12.7	1.20	200X
5	125	13.2	0.95	250X
6	150	13.6	0.80	300X
8	200	14.2	0.65	400X
10	250	14.7	0.50	500X
12.5	320	15.2	0.40	600X
14	355	15.4	0.34	600X
16	400	15.7	0.30	600X
17.5	445	15.9	0.27	600X
20	500	16.2	0.24	600X

使用景德光學公司代理美國William Optics 10公分螢石鏡拍攝的木星，效果不錯。（張柏榕 攝於梨山）

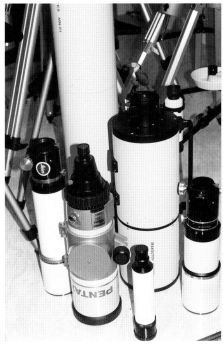

不同口徑的望遠鏡。

中央大學的巨炮61公分反射式望遠鏡。

望遠鏡的種類

折射式望遠鏡

　　光源直接透過主鏡片，再由目鏡放大決定倍率大小，折射式望遠鏡的研磨精密度要求較嚴苛，其優點是高反差、銳利度佳，無論攝影或觀測行星的效果，都勝於同口徑反射式；但缺點是色差（色像差）問題較難消除，高級全消色差物鏡價格偏高，一般市面上的折射式都由普通兩枚式的透鏡組成，在高倍觀測下必會產生「色差」。

　　註：由於某些波段的光無法聚集於同一個焦點，造成物體影像邊緣產生紫色、黃綠色或紅色光暈的現象。

欲選購高品質的望遠鏡，需透過專業人士的規劃與介紹。(右邊為William Optics國外部銷售經理David，左邊為國內部翁主任)

牛頓反射式望遠鏡

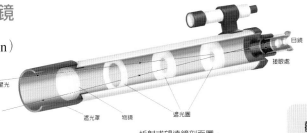

折射式望遠鏡剖面圖。

牛頓（Isaac Newton）於1671年發明了反射式望遠鏡，此種設計是利用後方的凹面鏡片聚焦，經過中央前方的斜鏡，再反射到目鏡成像的一種光學系統。

一般反射物鏡比折射鏡便宜很多，因為反射鏡片較易研磨，對於喜愛觀測較暗星系或星雲的同好，有更大的選擇空間，一般適宜購買的口徑大約在15～30公分之間。

牛頓鏡在構造上較為複雜，無論在保養或使用上，都比折射鏡費事些，其大部分問題都是發生在光軸的偏差及鏡片較容易發霉（台灣的氣候較潮濕），這些事實是使用者在購買前就必須瞭解的。建議若有足夠的預算，最好購買折射式，大部分折射望遠鏡價格較高，鏡片材質是決定好壞的重要因素，一般低價位折射鏡多半為2枚式半消色差望遠鏡Achromatic。

在市面上，我們常可聽到APO級折射鏡，APO的全名是Apochromatic，意思是指全消色差，即指所有可見光波長幾乎都能集中在同一點上。

而全消色差望遠鏡經常使用高級材質，如ED（Extra Low Dispersion），SD（Super Low Dispersion）螢石（Fluorite）等光學材質。

牛頓反射式望遠鏡的構造。

馬克斯托夫式

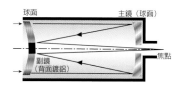

球面　　　　　　　主鏡（球面）

副鏡
（背面鍍鋁）

焦點

施密特・卡賽格林式

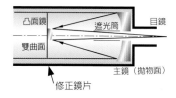

凸面鏡　　　　　遮光筒　　　目鏡

雙曲面

主鏡（拋物面）

修正鏡片

馬克斯托夫式星點比施密特・卡賽格林式
更細，像場也更平坦。

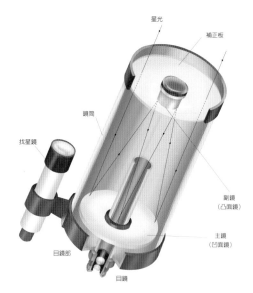

星光

補正板

鏡筒

找星鏡

副鏡
（凸面鏡）

主鏡
（凹面鏡）

目鏡部

目鏡

施密特・卡賽格林式的光學構造較易研磨。

各種不同系統的望遠鏡
由左至右為牛頓式（20公分）、折射式（18公分）、折反射式（20公分）及牛頓式（16公分）。（拍攝於小雪山）

折反射式望遠鏡

　　折反射式望遠鏡是近幾年來最受大眾歡迎的望遠鏡，其原因是價位低且擁有大口徑。一般市面上常看到的施密特‧卡賽格林式，就是利用透鏡及兩組反射鏡組合成的折反射式望遠鏡，此型除了價格便宜外，在攜帶上也很方便。此外，還有另一型折反射式，稱為馬克斯托夫式，此種光學構造比施密特‧卡賽格林式更為優秀，但價位相對也昂貴許多。

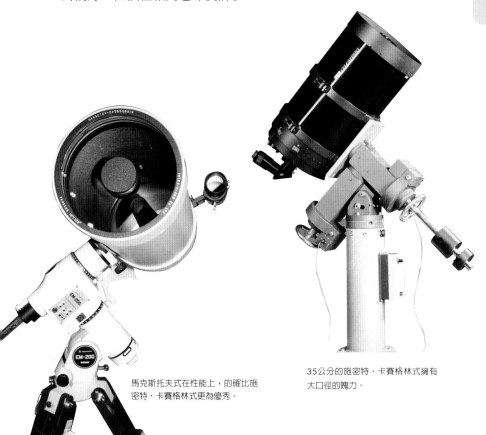

馬克斯托夫式在性能上，的確比施密特‧卡賽格林式更為優秀。

35公分的施密特‧卡賽格林式擁有大口徑的魅力。

常見的觀察目標

基本功─星座辨認

天上星星這麼多，光是銀河系就有千億顆以上的恆星，數量遠超過地球上所有人口數，若不能有效執行「分區管理」，就連標示位置都是很累人的一件事，因此無論東方或西方，從數千年前開始即有各自劃分區域的方法，不同的文化賦予這些星星們不同的故事，如古希臘星座神話或中國古代三垣二十八星宿等，都是幫助人們認識天上星體的方法，現代全世界星座區域已經統一，1928年國際天文聯合會（International Astronomical Union, IAU）決定將全天劃分為88個星座，並規定用赤經及赤緯來區分星星的位置，以黃道12星座（太陽在天球相對移動路線）為界，北天29個，南天47個，有六個天球南極附近的星座，在台灣是完全看不見的，有許多星名還沿用中國古代名稱，如牛郎織女、軒轅十四等。

北斗七星。（林啟生攝）

天蠍座。（林啓生攝）

星座辨認是天文觀測者必備的基本功夫（觀測太陽除外），就像地球上的國家或縣市行政區域一樣，假設你今天要去鹿港，你必須知道鹿港位於台灣中部的彰化縣，若你連這都不曉得，即使告訴你鹿港的經緯度座標，你可能也會找得一頭霧水，地上的目標可記錄在地圖上，透過地圖尋找，天上的目標則要利用星圖來搜尋，例如：三裂星雲在人馬座、心宿二在天蠍座等，88個星座的邊界範圍，已經將天空中任何一個位置都包括進來，所以星圖是天文觀測者必備的工具，入門者可再配合星座盤，能更清楚掌握何時會出現什麼星座，若能訓練自己不需星圖即能辨認一些主要星座，對於天文觀測及攝影來說，將有更大的幫助。若你是剛學習辨認星座的人，有點月光的上弦月或較低海拔的山區較適合，因為高山上過猛的滿天星斗，對於初學辨認星座的人來說，真是一大考驗。

實用的中文7等星圖。

太陽

　　太陽是天空中最亮的天體，只要是晴朗的白天，一年四季皆可觀測，無論是學校教學或業餘觀測攝影，太陽都是最容易取得的目標。觀測太陽最重要的就是減光設備，切記不能在沒有任何專用減光的設備下觀測太陽，否則將造成無法承受的嚴重傷害。常見的減光設備包括前置或後置減光濾鏡、排光太陽稜鏡、H-alpha日珥濾鏡等，有些較大口徑的望遠鏡，還需配合縮小口徑的前蓋，因為觀測太陽不需太強的集光力。若無以上減光設備，你也可以使用太陽投影板做投影法，這是最簡單的方法，對於素描太陽黑子也很方便。提醒大家在觀測太陽時，最好不要使用尋星鏡，因為尋星鏡通常沒有減光濾鏡，有人會忘記而不小心將眼睛湊上去，造成灼傷，因此建議觀測太陽時，要將尋星鏡蓋起來。

99.9%左右的太陽光，將由排光太陽稜鏡下方排出，其餘的光線則進入目鏡。

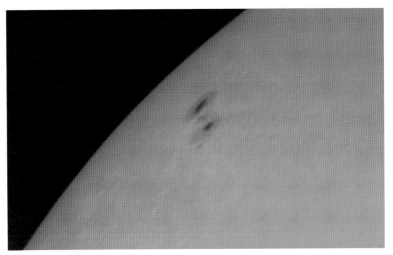

拍攝於合歡山的太陽黑子。（使用18公分折射鏡，富士100度底片）

從太陽專用的濾鏡中，可看見米粒組織及黑子的變化。前置式比後置式更安全，其中以美國的Thousand Oaks較為平價。

　　太陽黑子是許多業餘太陽觀測者觀察的重點，黑子是太陽表面比較低溫的區塊，以11年為週期增減，太陽活動較旺盛時，會出現較多黑子群。觀測黑子所使用的濾鏡，也是市面上最容易購得的，大致分為前置及後置減光濾鏡，前置濾鏡套在望遠鏡物鏡前，可運用望遠鏡全口徑，不需縮小口徑，安全性最高；後置濾鏡是較低階、較危險的方法，通常安裝在目鏡或天體稜鏡前端轉接牙，若無配合物鏡縮小口徑，很可能因為高溫聚集，造成後置

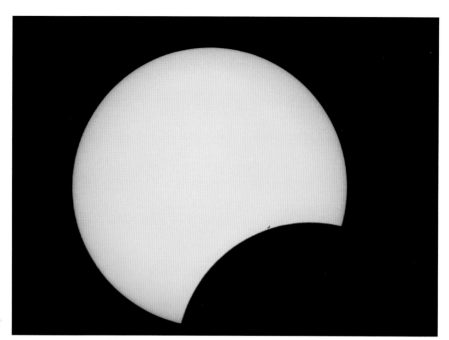

拍攝日偏食也可以使用ND減光鏡。

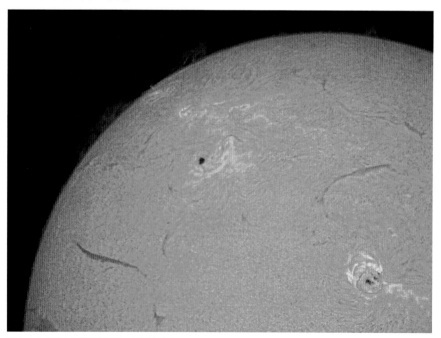

由H-alpha濾鏡所拍攝到的日珥。（蔡生元攝）

的ND濾鏡因溫度過高而爆裂，同好們需特別小心。利用太陽投影板做投影法觀測黑子時，也有需要特別注意的地方，首先需告知周圍的參與者，眼睛千萬不能靠近目鏡，尤其是小朋友常會忘記，將眼睛湊到目鏡上看，造成嚴重的傷害，最好配合縮口徑的做法，3～5cm口徑就足以清楚投影。目鏡的選擇也非常重要，千萬不要使用高級目鏡來做投影觀測，在太陽光高溫聚集之下，目鏡很容易因無法承受高溫而爆裂，尤其是昂貴的或是膠合面多的多片式超廣角目鏡。理論上，H式目鏡由二群二片組成，且中間沒有膠合面，最適合作爲太陽投影觀測，但目前幾乎要作古了，除了一些低階望遠鏡會附贈之外，市面上大概很難買到，若是塑膠殼的H式目鏡，也盡量不要使用，筆者曾遇過目鏡熔化的經驗，如果沒有H式目鏡，至少使用較便宜的3～4片K式或PL式平價目鏡，燒毀時也不會太心疼。

　　若你想要觀察除了黑子外不一樣的太陽，如教科書上美麗的日珥，並非一般濾鏡可以辦得到，你需要特殊的H-alpha濾鏡，又稱「日珥濾鏡」，日珥是邊緣絲條狀噴發物，主要是游離化的氫離子，受到黑子附近磁場牽引而突出太陽表面的現象，由於太陽發射出來的是連續光譜（包含所有波段），而日珥是單一波長6562.8 A（氫原子光譜，又稱H-alpha波段），所以必須將所有可見光波段濾除，只留下6562.8 A的H-alpha波段，才能將日珥及太陽表面玫瑰紅色的色球層看清楚。H-alpha波段濾鏡是研究及教學單位必要的配備，其穿透頻寬（Bandwidth）越窄越好，最好能在0.8 A以下，價格也呈現倍數成長，通常一組需數萬至數十萬元不等，一般同好較少購買。

月球

  月球是夜空中最易觀測的天體，每個人都找得到，任何雙筒、單筒望遠鏡甚至肉眼，皆可觀測，只要不是朔的晴朗夜空，都有機會觀測月亮，但也不是隨時都看得到，你必須先翻翻農曆，月亮升起的時間每天都不同，平均每天慢約50分鐘昇起，朔（農曆初一前後）跟太陽同一邊，跟太陽一起下山，觀測不易，上弦月農曆初七太陽下山後，月亮正好在天頂附近，滿月約在太陽下山時昇起，整夜可見，下弦月就要等到午夜12點，月亮才會昇起。由以上數據顯示，建議闔家觀賞月亮的最佳時機，在農曆初四上眉月到農曆十八之間，由於月亮光度很亮，對於入門者而言，都市的月亮和山上的月亮看起來是一樣的，把望遠鏡架在自家屋頂上，就可以看得很開心，不必刻意跑到山上去。

地球唯一的衛星—月球，其表面有許多地形特徵，是人們經常觀看的天體，加上不同形狀的月相變化，頗具獨特的觀賞樂趣。(初五上弦月)

行星

　　太陽系除了地球之外，還有八大行星，觀測行星是初學者僅次於月球外，最容易觀測的天體之一，在都市即可觀測，相對於其他天體，其亮度亦較亮、較易於尋找，最常讓業餘同好觀測的有金、木、水、火、土五顆行星，天王星與海王星用一般小型望遠鏡較難作深入觀察。冥王星光度低於13.7等，肉眼無法觀測，需靠攝影才能捕捉其位置。

　　五大行星中，又以土星、木星及火星最受業餘天文觀測者喜愛，土星環是公認最迷人的天體之一，木星條紋、大紅斑、四大衛星等也是重要的觀賞目標。火星則由於軌道週期關係，跟地球會以2年2個月接近一次，又由於離心率的緣故，造成每次接近地球的距離不同，而有大小接近之分，觀測火星可以注意其地形及富有變化性的極冠。金星是天空中最亮的行星，光度經常超越-4等，雖然因濃厚的金星大氣無法觀測金星地形，但由於是內行星，會出現與月球同樣的盈虧現象，非常有趣。水星因為又遠又小，距離太陽又太近，觀測較為不易，一般的小型望遠鏡也僅能看到一個點。

擴大攝影的土星，卡西尼環縫一清二楚。（使用螢石折射鏡攝於大雪山，曝光10秒）

太陽系中最大的木星紅斑，也能透過小望遠鏡拍到。

星雲星團星系

　　星雲星團及星系是業餘天文觀測者及天文攝影者最喜愛的天體之一，廣泛分布在天區每個角落，可再細分為許多種類，包括散光星雲、行星狀星雲、疏散星團、球狀星團及各種形式的系外銀河等等，是多樣且美麗的天體。請將月曆（有標示農曆的）打開，滿月（農曆十五）前後幾天不必考慮，基本上月亮本身是一個大光害，它會將附近除了亮星以外的天體全部吞噬，農曆初一前後一週內最適合觀測。有些大型星雲星團，如：M42獵戶座大星雲等，用雙筒望遠鏡甚至肉眼即可觀測，但大部分星雲星團及星系，即使用較大型單筒望遠鏡，也只能看到模糊的一小塊光斑。

人馬座的三裂星雲M20及珊瑚礁星雲是全天最有特色星雲之一，M20距離我們約5200光年之遠。（18公分螢石鏡 曝光70分）

星團。（林啓生攝）

特殊天象

　　彗星、流星雨、日月食、水金星凌日、掩星及2003年的火星大接近等等，這些並非每個月或每年定期出現的天象，均屬於特殊天象。

日全食。

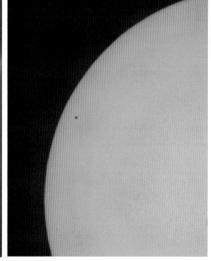

水星凌日。

2001年獅子座流星雨。

火星大接近紀念 2003/8/27 23:23

MT-200+GT-ONE+6.7mm 目鏡 +ToUCam Pro
Registax2.0 大氣穩定度 9/10 透明度 8/10
歐紫華攝於鳶峰

2003年火星大接近。

天文攝影的樂趣

與觀星同好們在短短幾分鐘內，拍下海爾波普彗星的永恆記憶。

天文攝影很簡單

　　捕捉天上星星的蹤影，是一件有趣的休閒活動，無論是研究或純屬個人興趣，均能留下永恆的天文影像。然而，天文攝影並非大家想像中那麼困難，也不一定非得購買昂貴的專業攝影器材或儀器。

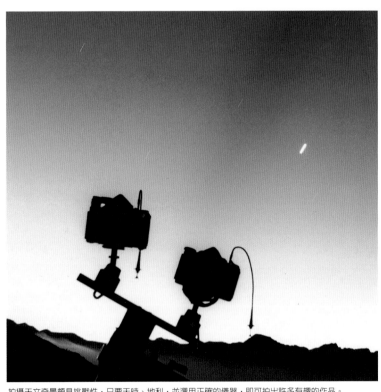

拍攝天文奇景頗具挑戰性，只要天時、地利，並選用正確的儀器，即可拍出許多有趣的作品。

天文攝影的種類

　　由於科技進步，天文攝影也逐漸邁向數位時代，但由於傳統底片攝影仍有些無法被取代的優勢，因此底片仍無法完全被取代。雖然數位天文攝影有即拍即看、節省底片支出等優點，但其細膩度不及底片及長時間曝光的噪訊（noise）等問題，限制了數位天文攝影的應用性，雖然噪訊問題可藉由冷卻技術加以克服，但價格昂貴，並非一般玩家負擔得起，傳統中型120底片以上的天文攝影，放大沖洗後所呈現出來的效果，更是目前數位攝影技術無法達成的。

傳統天文攝影

　　傳統天文攝影的效果注重在長時間曝光，基本需求是一台具

新樂國小的操場是北部觀星族的最愛之一。

拍攝月亮的表面，並不會受到光害的影響。

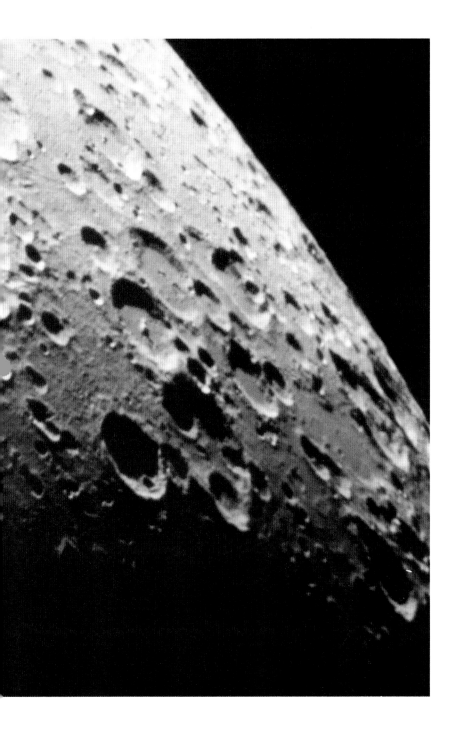

有B快門功能、可接快門線的相機，尤以單眼機械式爲佳。底片的選擇也很重要，基本觀念爲感度越高、粒子越粗，除非是特殊用途，例如：拍攝流星雨，會使用3200度超高感度底片，筆者較常用200～800度底片拍攝星雲、彗星等天體，以取得感光度及畫質平衡，使用100或200度拍攝月面、行星等較亮的天體，以獲得較細膩的影像。

（一）固定攝影

最簡單的天文攝影就是固定攝影，只需三腳架、鏡頭及機身即可進行，適合目標爲拍攝星軌。由於地球自轉的緣故，星點會被拉成一條條星軌跡，建議使用焦距200mm以下的廣角或長鏡頭，可配合地景，營造出優美的構圖。

若想把星星拍成光點，不使其成爲一條線，曝光時間是依照星星在天球上的位置及鏡頭焦點距離來決定。焦距長，星星的移動會加快，因此快門要早一點關掉。天球赤道附近的星星，比北極附近的星星移動得快，因此也要縮短曝光時間。下表是拍攝成光點所需曝光時間之參考：

鏡頭的焦距	天球赤道附近	赤緯±40°附近	赤緯±60°附近
28（mm）	40（秒）	60（秒）	88（秒）
35	20	30	40
50	14	20	28
105	7	10	14
135	5	7	10
200	3	5	7

拍攝成光點所需的曝光時間。

配合地面的草木及滿天的星斗，也能拍出與眾不同的作品。（曝光60秒）

壓下B快門，只要20～30分鐘，就可將夏季銀河拍得很美。

　　拍攝出來且透過相機在短短數分鐘的曝光下，你會驚訝地發現，原來地球自轉的速度是如此驚人！從底片上可看見一條條光影，全部繞著地球兩邊的極點旋轉，北極星就是最靠近北極軸心的一顆亮星，全部的星星都繞著它團團轉（眞正的北極軸並不是北極星）。

　　眞正的天地結合，是固定攝影最令人陶醉之處，尋找一處優美的地景，配合著星河背景，將心中的幾分感受，完全釋放出來，這種意境之美，唯有攝影者本身才能眞正感受得到。

（二）追蹤攝影

　　若你想長時間曝光拍攝點狀星點，或想用更長焦距拍攝更小、更暗的天體，你就需要一部赤道儀。赤道儀的功能在於追蹤天體的日週運動，無論是觀測或攝影，都能使導入的目標鎖定，在長時間曝光拍攝時，星星即能保持點狀。一般同好較常用的追蹤攝影有星野追蹤攝影、直焦點攝影法及目鏡擴大攝影法等等。

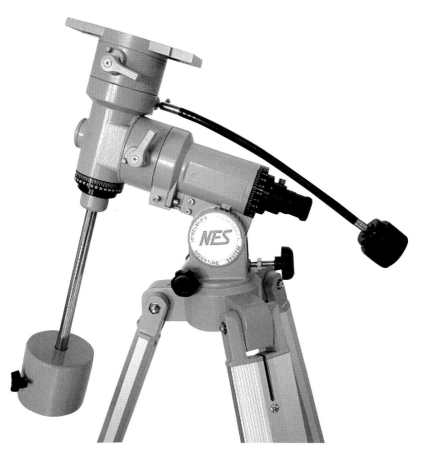

適合入門者使用的NES赤道儀，合理的全套售價約在2萬元以下。

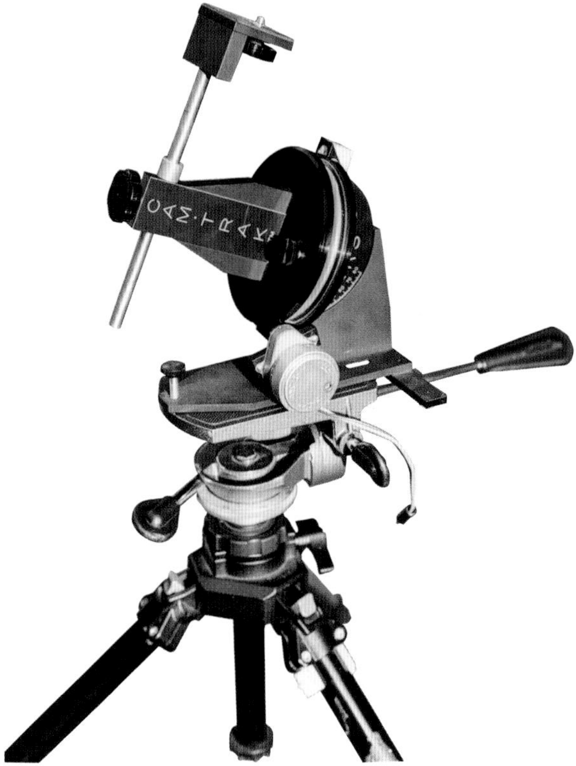

攝星儀比赤道儀輕便許多，適用於相機鏡頭星野攝影。

1.**星野追蹤攝影**與固定攝影類似，使用相機鏡頭聚焦，但三腳架改用赤道儀追蹤，與拍攝星軌跡有不同的感受，適合目標爲較大範圍目標、長時間拍攝，例如：銀河、大彗星等，若配合地景，因爲赤道儀追蹤的緣故，地景將會模糊。

2.**直焦點攝影拍攝法**是將單眼相機鏡頭拆下，中間不透過任何鏡頭或目鏡，將相機機身透過接環，直接銜接在望遠鏡上，以望遠鏡物鏡當作鏡頭的一種拍攝方法，通常望遠鏡焦距較相機鏡

台灣觀星地圖

經過長時間的曝光，美麗的M8及M20歷歷在目。（曝光60分　E100S底片）

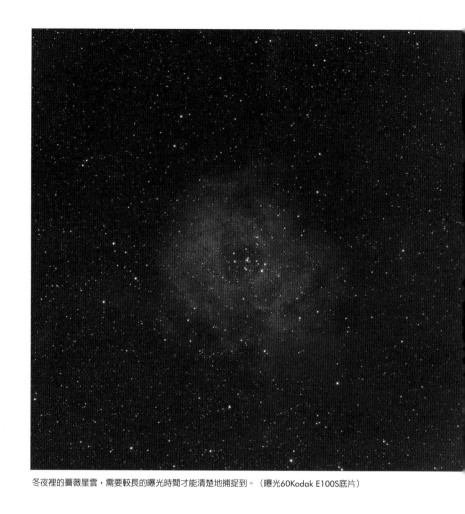

冬夜裡的薔薇星雲，需要較長的曝光時間才能清楚地捕捉到。（曝光60Kodak E100S底片）

頭高出許多，適合拍攝各種星雲、星團、星系或彗星等天體，曝
光時間通常為15分鐘至1小時以上，才能在底片上累積足夠的影
像。長時間曝光最大的挑戰，就是絕不能拍出脫線的星軌跡，對
於赤道儀的性能及拍攝技術來說，均屬一大考驗。

挑戰拍攝不脫線的星跡，經常會失敗，一定要有恆心才會
成功。（H-X雙星團曝光20分，Kodak E200底片）

3.**目鏡擴大攝影法**主要是針對行星、月球或太陽黑子的一種
特殊拍攝方法。拍攝過程是先透過目鏡投影放大成像於底片上，
若拍攝倍率越高（焦距會變更長），只要輕微振動，底片就會產
生模糊現象，最好能先遮避鏡筒前方，按下B快門線，計算曝光
時間後，再把鏡筒遮蔽
起來，之後才放開快門
線，如此一來即可避免
振動。

把目鏡放置於擴大攝影接管內，就能
大大增加焦距且提高倍率。

高品質的目鏡能夠提昇攝影及觀
測的樂趣。

台灣觀星地圖

數位天文攝影

目前數位相機的普遍程度，幾乎到了家家戶戶皆擁有的程度，是否所有的數位相機都能拍攝天文景觀呢？那可不一定。我們將數位天文攝影大略區分為**消費型數位相機、單眼數位相機**（DSLR）**及天文專用冷卻式數位相機**三種，同樣有些硬體上的限制，首先需要可外接快門線，或任何電腦軟體等可外部控制快門的裝置，若要拍攝星雲等天體，需要長時間的曝光，則需使用B快門功能。

（一）消費型數位相機

使用快門線及B快門，配合三腳架及赤道儀，同樣可以進行固定攝影與星野追蹤攝影，長時間曝光需注意噪訊問題，氣溫較低的高山上噪訊較輕微，由於鏡頭不能拆換，最好是有鏡頭轉接牙及TFT-LCD螢幕的機種，銜接望遠鏡時，合成焦距比直焦點攝影高，適合拍攝較亮的星雲星團。數位攝影機（DV）的使用方式也與數位相機類似，需透過DCL轉接，可應用於動態天文現象記錄之用，例如：日、月食、掩星等特殊天文現象。

DCL系列數位相機轉接鏡，可將你的數位相機與望遠鏡銜接，以利於拍攝天文影像。

利用數位相機與望遠鏡結合的數位望遠鏡。

（二）DSLR單眼數位相機

使用方式類似傳統的單眼相機，以上傳統單眼相機拍攝法，包括星野攝影、直焦點及擴大攝影法全部適用，但數位相機的缺點，如：噪訊及耗電問題也相同。目前DSLR價位較高，等到價格合理、噪訊減輕或消除、像素達到2000甚至4000萬以上時，或許就能夠取代傳統底片的相機。

（三）天文專用冷卻式數位相機

此種數位相機已上市多年，冷卻式主要功能是減輕CCD長時間曝光所產生的噪訊問題，最著名的製造商是美國SBIG公司，透過冷卻式CCD拍攝暗星雲、星系等天體，可較傳統底片相機大幅縮短曝光時間，冷卻效果可達室溫下二、三十度，可惜價格不低，從十餘萬至數十萬元不等，為國家級研究單位之標準配備，亦有瘋狂的業餘同好購買。

價格昂貴的天文專用冷卻式數位相機（CCD）。

出發前的準備

　　除了曾經介紹過的單眼相機、快門線、高感度底片、赤道儀之外，其他像星圖、小手電筒、懷爐、目鏡、衣服、食物、雙筒望遠鏡、筆、紙等多項裝備也不可缺少。如果你欲前往高山地區觀星，出發之前的清點工作絕對不可疏忽。記得要多帶羽毛製的保暖衣服，才不會因寒冷而減低了攝影的興致。

在溫度低的高山上，連身羽毛衣可發揮最大的禦寒功效。

容易結露的海島型氣候

台灣本身屬於海島型氣候，夜間的空氣濕度較高，相對在拍攝時，鏡頭及望遠鏡若沒有電熱絲或懷爐纏繞在鏡頭底部，很容易結一層霧水在鏡片上，就會大大影響拍攝的效果。

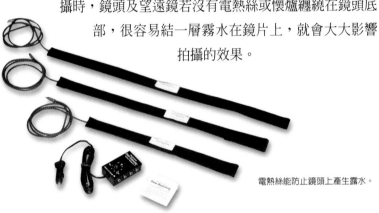

電熱絲能防止鏡頭上產生露水。

結霧時所拍攝到的M42星雲，效果並不理想。

台灣天文攝影界同好

在台灣天文攝影界中，林啓生先生最是受到敬佩，他是位隨和且熱心的天文攝影家，十多年來在天文教育上貢獻良多，在全省天文界中，也是無人不知的「老師父」。由於他交友廣闊，熱心教導其他同好，可說是台灣業餘天文愛好者的福氣，以下則是林先生在國內外曾經發表的作品。

熱心的林啓生先生目前正努力教導、栽培年輕一代的天文愛好者。

M39及附近的暗星雲、散光星雲。（林啓生攝）

在其他天文攝影同好中，還有許多極其熱衷於天文教育推廣的人士，例如：台南的林本初老師，目前爲台南天文協會常務理事，他常在空餘時間教導年輕人或小朋友有關天文的知識、製作望遠鏡……等等。有任何關於天文方面的問題，都可以請教他。林本初老師電話：（06）2361526。

林本初老師與他的大炮15.5公分螢石折射鏡。

15.5的螢石鏡威力相當嚇人！

百武彗星與墾丁大尖山。

李合峰先生目前服務於台北市天文科學教育館，投入天文教育已有近十年的時間。

電話：（02）28314551

呂其潤老師熱心於推廣天文教學，已有一段很長的時間，其專長是天文攝影及天文儀器，曾任東師天文社社長，對天文儀器涉獵頗深，為談天會會員，熱愛天文攝影，數度於日本天文雜誌上發表作品。

呂老師星星工廠網站：

www.starworks.idv.tw

銀河東昇。（呂其潤 攝於大雪山）

流星雨劃過天際，中間為七姊妹。（呂其潤攝）

耿崇華先生是國內著名天文攝影專家兼講師，對於推廣天文不遺餘力，曾任台中市天文學會總幹事、阿爾法天文俱樂部會長、談天會資深會員等，目前擔任飛狼山野教育中心天文科學講師，熱愛天文攝影的他，對於光學品質要求甚嚴。演講經驗無數，也曾發表多項天文攝影作品及文章於日本天文雜誌、國內各大新聞媒體及報章雜誌。

耿崇華與自動導入望遠鏡合照。

　　耿崇華老師的個人網頁：

www.astrophoto.idv.tw

星野攝影也可拍下地面的景物。（耿崇華攝）

鄭蕊齡小姐是少數精通天文及鳥類的
女性攝影者，其個人簡介詳見景德光學網
站內之景德陣容：

http://www.optics.com.tw

鄭蕊齡與William Optics 18cm
望遠鏡加GT-1赤道儀。（左下
角為入門機種）

海爾波普彗星與北美洲星雲。（鄭蕊齡攝）

陳立群先生任職於中華電信數據通信分公司，現任台灣天文俱樂部副理事長及景德光學公司顧問，也是談天會及國際流星組織（International Meteor Organization）會員。天文攝影是他的最愛，常和各地同好一同上山觀測，曾擔任師大附中天文社指導老師，主辦多次天文軟體與網際網路研討會、天文書展，參與Star Party活動。其天文文章或照片散見於科學月刊、天文通訊、台灣山岳、哥白尼雜誌、中國時報、自由時報，也曾接受民生報、中國時報、自由時報、聯合晚報、衛普電腦台「來來玩網」節目、華視「早安今天」、TVBS-N「晚安台灣」、台視新聞「熱線新聞網」、東森新聞台、TVBS-N的訪問、現場連線報導或引用作品。

陳立群的天文網頁：守著星空守著你

http://home.dcilab.hinet.net/lcchen/511qch01.htm

或 http://come.to/formosasky

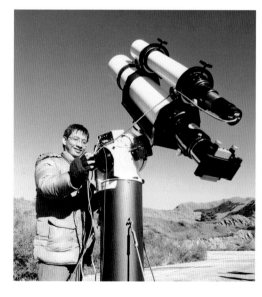

陳立群先生喜愛在星空下享受攝影的樂趣。

☆
台灣觀星地圖

月全食的變化。（陳立群攝）

王爲豪是國內年
輕一代的天文攝影權
威，有超過十年的天
文攝影經驗，不僅出
國攻讀天文物理博
士，經常發表珍貴的
攝影作品於國外雜誌
上。

海爾波普彗星。（王爲豪攝）

台灣觀星地圖

82

網狀星雲。（影像處理之後，王為豪攝）

阿里山公路與海爾波普彗星。（王為豪攝）

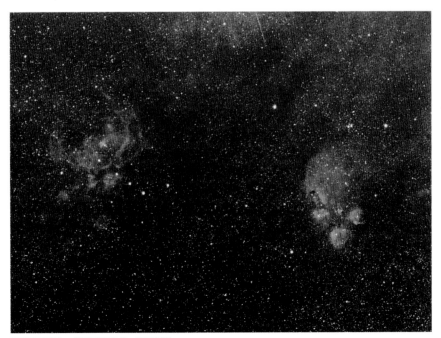

貓爪星雲附近。（影像處理之後，王為豪攝）

台灣觀星地圖

全天最大的星雲——鑰匙孔星雲。（拍攝於澳洲）

台灣觀星地圖

近年來，社會日益進步，各方面的污染也逐漸惡化，尤其觀星者的最大敵人「光害」，更是越來越嚴重，在夜間的城市上空，隨時可以看見空氣中的灰塵，被這些五顏六色的雜光給反射，只要有城市的上空，都會涵蓋一層灰濛濛的光害，使觀星者無法如願欣賞到美麗的星河。因此，只要沒有光害的地方，就是觀星朋友的天堂，像海邊、山上及離島，都是很不錯的選擇。但要注意一件事情，並不是所處位置越高或越偏僻的地方就沒有光害，而要視你所處的位置，是否遠離城市中的「光魔」，這才是最重要的。

　　觀星是一件既有趣又具教育性的休閒活動，你準備好了嗎？現在就讓我們帶你到屬於你的山頭或海邊，一起享受這豐富的賞星之旅吧！

全省觀星地點可見星等參數

　　★★★★★★　一級觀星點——6等星（肉眼極限）

　　★★★★★　很不錯——5（可清楚看見銀河）

　　★★★★　良好——4等星

　　★★★　普通——3等星

台北　陽明山★★★★

　　陽明山區一直是台北人最喜愛的休閒地帶，除了可洗溫泉、吃土雞之外，也是一處適合觀星的好地方。每次一遇上特殊的天文奇景，擎天崗、冷水坑及小油坑等景點，都是青年朋友的最愛，尤其是擎天崗上的大草原，經常熱鬧滾滾，因為周遭並無特別高的山脈阻隔，可說是距離台北市區最近的絕佳地點。

食宿地點

　　到了陽明山，當然免不了要泡泡溫泉，前山公園附近的國際大旅社，是一歷史悠久的日式建築，古意盎然。另外，馬槽的花藝村裡也提供住宿和溫泉。至於吃的方面，陽明山區內有些頗具特色的餐廳，例如：品山餐廳、秘密花園及陽光、水岸花園等等，都是不錯的選擇。

位於小油坑的觀星平台。

廣大的擎天崗觀星草原牧場，經常吸引許多愛好觀星的民眾前往。

台北 北海岸 ★★★★

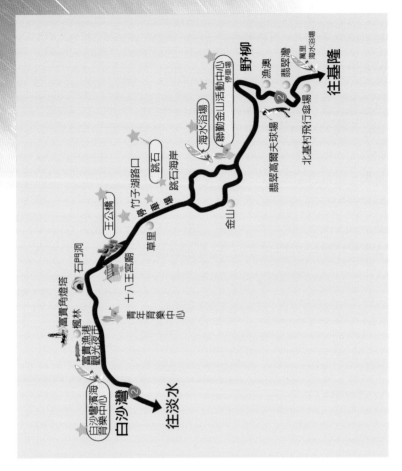

　　從台北沿著淡水、沙崙、白沙灣、富貴角十八王公廟到金山青年活動中心，都有不錯的觀星點。只要遠離光害、沒有遮蔽物，均可看見星空中的小星星正一閃一閃地向你招手。

　　尤其是富貴角一帶，位處台灣最北點，往北邊看幾乎沒有任

何光害，之後到濆水一路上的路段，有許多無路燈的停車場，亦可作為觀星的好地點。若再往下走，可到達金山青年活動中心的停車場或沙灘上，也是不錯的選擇。

附近的其他觀星點

　　在台北縣附近，還有一些絕佳的觀測地點，如：烏來鄉的福山國小操場、石碇鄉小格頭的雲海國小、內湖碧山上的露營區停車場、三峽往滿月圓的插角國小及平溪十分寮，都是不錯的觀測地點。但以台北縣市附近的最佳觀測點排行看來，在雲海國小及插角國小的操場內，視野及天空透明度最佳，在夏季裡可輕易看見彷彿牛奶帶的銀河劃過天際，值得與朋友結伴同行，但事先必須與學校聯絡，才可紮營。

> **雲海國小**
> 電話：(02) 26651715
> 地址：台北縣石碇鄉北宜路5段坑內巷1號
> **插角國小**
> 電話：(02) 26720230
> 地址：台北縣三峽鎮插角里39號

在沙灘上觀賞星星別有一番趣味，圖為七姐妹星團。（固定攝影曝光50秒）

桃園 石門水庫★★★★

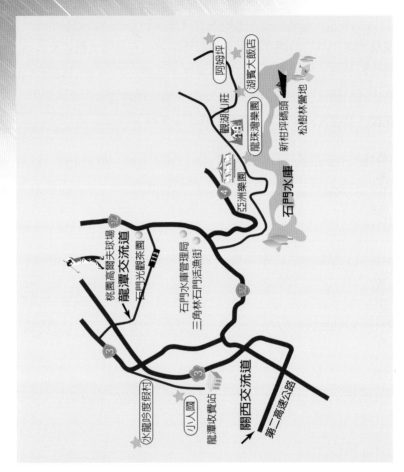

　　桃園縣內許多理想的觀測點，大部分集中在台七線附近。首先介紹的石門水庫，位於大漢溪中上游，三面環山，沿著公路，只要是視野廣闊的地方，都可以看到許多星星，其中以阿姆坪及角板山公園地帶為最佳，其次是龍珠灣樂園附近，都是良好的觀

星地點。

　　石門水庫本身亦為風景勝地，周邊有許多提供食宿的地方，龍珠灣樂園裡有24間小木屋，阿姆坪附近則有湖濱大飯店及其他飯店、旅社，非常方便。吃的方面更不必擔心，石門水庫裡最有名的「活魚十二吃」，保證讓你吃得過癮，聽說甚至有二十吃的花樣，其實大同小異，全憑個人喜好來選擇。

石門水庫管理中心

電話：(03) 4712247

地址：桃園縣龍潭鄉佳安村佳安路2號

門票及清潔費：

大人80元、小孩40元、大型車80元、小型車40元、機車20元

從樹縫裡看到的獵戶星座，別有一番特色。

桃園 北橫公路沿線★★★★★

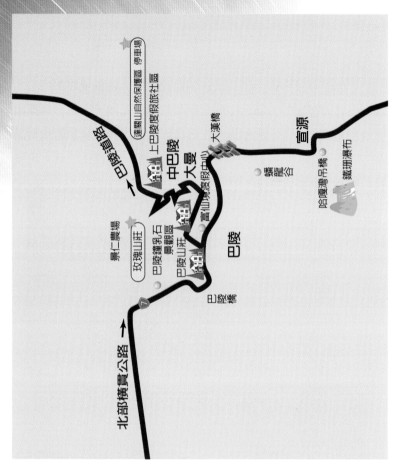

台灣觀星地圖

北部橫貫公路 →

玫瑰山莊

景仁農場

巴陵鐘乳石
景觀區

巴陵山莊

巴陵道路

中巴陵
大曼

上巴陵度假旅社區

達觀山自然保護區 停車場

富仁光度假中心

大漢橋

宣源

鐵珊瑚瀑布

哈嘭禮吊橋

巴陵

巴陵橋

蟠龍谷

　　北橫公路是連接桃園到宜蘭之間的主要道路，中間涵蓋兩縣間的風景勝地。從桃園大溪進入台七線公路再到巴陵，之後往上巴陵方向的產業道路行駛，其中經過大灣羅加、榮華、高義、巴陵橋、大漢橋，都有很不錯的觀星點，尤以上巴陵方向的達觀山

自然保護區的停車場最佳，海拔約在1300～1500公尺之間，天氣良好時，肉眼可看到5等星以上。

食宿地點

上巴陵一帶有很多渡假山莊和旅社，如：富仙境渡假中心、玫瑰山莊。在吃的方面，由於上巴陵位處山區內，大部分為高山菜及山產，其中有一種稱為「人參菜」的高山菜，是相當值得品嚐的當地菜餚。如果是七月份去，正逢水蜜桃盛產的季節，可多買一些回去與家人共享。

> **玫瑰山莊**
> 電話：(03) 3412322
> 地址：桃園縣復興鄉華凌村上巴陵62號
> 二人房假日2400元，平日1500元
>
> **富仙境渡假中心**
> 電話：(03) 3912115
> 地址：桃園縣復興鄉中巴陵31號
> 二人房假日2400元，平日8折
> 人參菜：一斤約60～70元之間

上巴陵。

新竹 尖石地區★★★★★

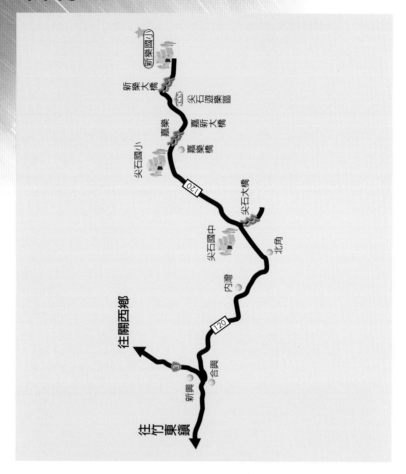

　　新竹縣有很多觀星地點，由於多位處偏遠山區，且遠離城市燈光，光害較台北縣少了許多，可說是北部地區一日遊的觀星景點最佳選擇。我們首先介紹天文社團常去的觀星聚會場地。從台三線轉縣道120即可抵達尖石鄉，此路段大多沒有明顯的標示點

台灣觀星地圖

新樂國小
新樂大橋
尖石遊樂區
尖新大橋
嘉樂
嘉樂橋
尖石國小
嘉樂大橋
120
尖石大橋
尖石國中
北角
內灣
120
往關西鄉
3
合興
新興
往竹東鎮

96

可作為指標，到了尖石鄉時，你可抬頭看看天空，天上的星星已超越台北縣市的兩倍以上。附近以尖石國小最遼闊，可選擇此地觀測，或再往更內陸的新樂國小操場邁進，順著縣道繼續走，即可到達天文社團及觀星族的觀星基地 ——新樂國小。

食宿地點

尖石地處偏僻，過了竹東之後，就沒有什麼特別的景點，夜間路燈極少且路不寬，山裡常年有霧氣，行車時一定要謹慎小心，到達目的後可採行露營方式，其中尖石遊樂區可紮營。若想投宿，可考慮泰雅渡假村及當地旅社、山莊。這裡的山產有山蘇、過貓、鱒魚及苦花魚等美食。

尖石鄉公所
電話：(03) 5841001
地址：新竹縣尖石鄉嘉樂村2鄰26號
泰雅渡假村
電話：(03) 5842222
地址： 新竹縣尖石鄉佳樂村7鄰30號-1
二人房2000元，平日8折

從新樂國小觀賞北斗七星真的很清楚，但還是有少許北部光害存在。（28mm鏡頭 曝光6分）

新竹 尖石其他觀星點★★★★★

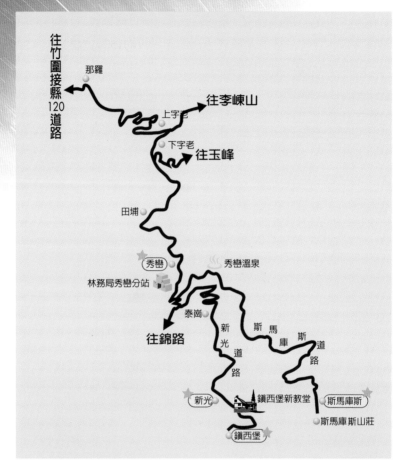

　　在尖石鄉中，還有許多更深處的一級觀星點，如：李崍古堡、秀巒山區、新光、鎮西堡及斯馬庫斯，都是絕佳的觀測點，但地點相當偏僻，必須先到橫山派出所辦理甲種入山證。其中以斯馬庫斯處於中央山脈最深處，有「黑暗部落」之稱，高度約在

1500～2000公尺之間，是北部觀星族開車可到達的一級觀星點。民眾晚上可投宿於原住民的遊客民宿，或採行露營方式。

魯壁山莊位於秀巒之前的至高點（海拔約1500公尺），從台北出發，約2個半小時可抵達，是一處不錯的民宿。

魯壁山莊
電話：(03) 5847282
莊主 廖英雄先生
特色：美味山菜、山產及低光害（北區攝星聖地）

魯壁山莊適合全家開車出遊兼拍攝星星。

魯壁山莊前的空地平台適合觀星。

「黑暗部落」之稱並非傳說，這裡的銀河絕對讓你擁有深刻的回憶。（Pentax 45mm F/4 鏡頭 曝光 25分）

新竹 雪霸休閒農場★★★★

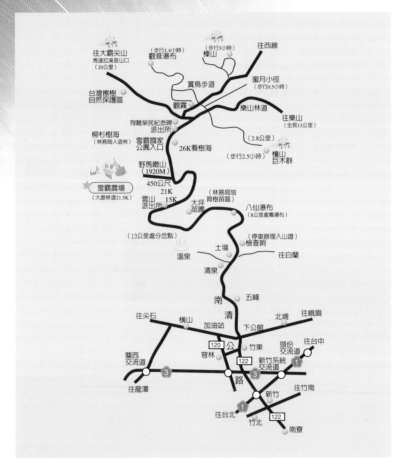

雪霸休閒農場位於新竹縣五峰鄉、通往大霸尖山大鹿林道21.5公里處，在近2000公尺的海拔上，常有高透明度的星空。雪霸農場佔地約40,000坪，在農場至高處有絕佳的觀星空地，遠眺可見雪霸群山的綠野環境，在夏季的星空中，常可看到銀河從遠

處的山影中慢慢浮現，從此推開房門即可賞星悅目、朝看日出、夕觀雲海，各種美景盡收眼底，聆聽大自然的音律，這裡無疑是觀星情侶最浪漫的不二選擇。

在輕鬆、自在的星空下，品嚐由農場精心準備的雲海咖啡，一邊觀看瀰漫的宇宙面紗，可說是舒放心靈的絕佳方法。

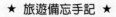

★ 旅遊備忘手記 ★
1. 請先在入山口處辦理乙種入山證再行入山。
2. 入山後沒有加油站，請在竹東加油站加滿油再上山。
3. 山區禁止露營、炊煮及烤食。
4. 山區早晚溫差大，請攜帶禦寒衣物。

雪霸休閒農場
電話：(03) 5856192（代表號）
地址： 新竹縣五峰鄉桃山村民石308-1號
二人房2700元（套房），平日8折
二人房1300元（普通房），平日8折

雪霸農場的雲海咖啡廳。

雪霸農場的雲海咖啡廳。

新竹 觀霧森林遊樂區 ★★★★

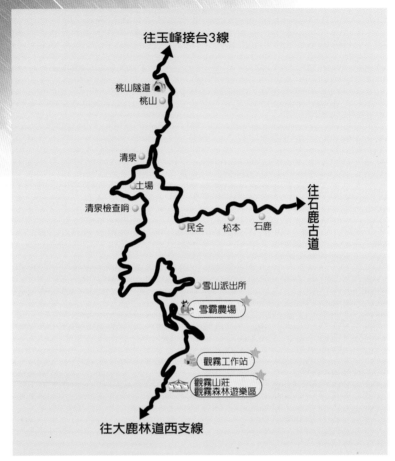

位於雪霸國家公園內的觀霧森林遊樂區，是距離台北地區最近的超級觀星點，從觀霧至樂山之間，海拔均超過2000公尺以上，如果在夏夜裡，抬頭觀望這裡的星空，你絕對會嚇一跳，竟然有成千上萬的小寶石在星空中相互爭輝。

觀霧管理中心後方有片木製平台及木製階梯，通往更高的觀星瞭望台，若欲於夜間前往，請記得攜伴及攜帶手電筒。

　　從瞭望台可遠眺壯麗的大霸尖山，在有月光的夜裡，還可拍下星河與大霸群山的對話。（需要利用高感度底片長時間曝光）

觀霧管理站。

從觀霧管理站後方平台，可眺望遠方的大、小霸尖山。

觀霧管理站後方寬廣的觀星平台，提供觀星族一個絕佳的觀測空間。

苗栗 明德水庫★★★★

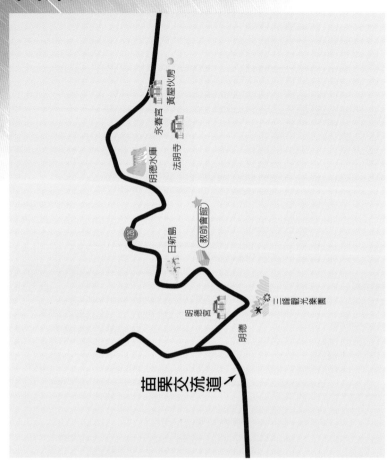

台灣觀星地圖

　　苗栗縣頭尾鄉附近的明德水庫，三面環山，視野較為狹窄，但仍可看見高透明度的星空，水庫旁的湖濱公園及附近的教師會館，都是不錯的觀星地點，若順著環湖公路可以到神仙谷，也是很好的選擇。

另外，南庄鄉的向天湖、神仙谷在夏季夜間的星空，銀河帶狀一目瞭然，也是蠻不錯的觀測地點。

　　如果到苗栗縣觀星，千萬不要辜負這片好山好水，最好採行露營方式，神仙谷內有設備完善的露營區，從向天湖到神仙谷之間路況較差，產業道路左側有峽谷、溪流，請小心開車。

> **明德水庫**
> 電話：(037) 250770
> **教師會館**
> 電話：(037) 252743
> 地址：苗栗縣頭屋鄉明德村明德路54號
> 二人房1200元，平日8折

神仙谷附近光害較小，星星不少，很適合觀星，但由於路況不穩，開車需特別注意安全。

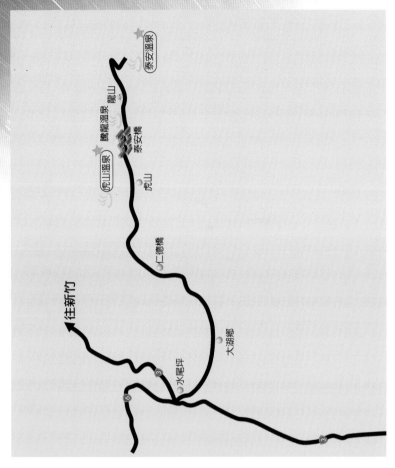

　　苗栗縣泰安鄉是眾人皆知的溫泉鄉，虎山溫泉及泰安溫泉均為可觀星兼泡溫泉的好地方，有興趣的朋友可以看完星星後再去泡溫泉，絕對是人生一大享受。

位在夏季星空中的天鵝座天津四後方，其形狀因恰巧如北美洲大陸而得名，可用雙筒望遠鏡隱約看見。（10公分螢石鏡　曝光100分）

宜蘭 太平山區 ★★★★★

往宜蘭

中橫宜蘭支線

棲蘭
森林遊樂區

棲蘭山莊

家源橋

土場

土場檢查哨

多望橋

太平山公路

多望溪泛舟

仁澤山莊

仁澤溫泉

中間

蘭台苗圃

白馬巨木

白嶺

上晴山

上平

太平山森林遊樂區

太平山莊

　　太平山海拔約1000～1300公尺，在宜蘭縣中，太平山森林遊樂區算是最佳的賞星地點，由於太平山的入口正好位於中橫宜蘭支線及北橫交叉口上，從台北過去所需時間也較長。進入棲蘭之後，便屬於太平山區，可選擇仁澤山莊或太平山莊作爲觀星地

點，另外，在仁澤山莊還可享受暖呼呼的溫泉！

食宿地點

　　如果想要在兩天之內玩完整個太平山區，可能比較困難。大致上來說，可分為三個重點，第一是棲蘭、第二是仁澤溫泉，最後則是太平山遊樂區。這三個地點在住宿上皆不成問題，以二日遊來說，最佳折返點是在仁澤溫泉；若想要到太平山遊樂區遊玩，安排兩天以上的行程較為恰當。

棲蘭山莊
電話：(03) 9809609
地址：宜蘭縣大同鄉太平村土場巷62號
二人房2000元

仁澤山莊
電話：(03) 9809603
地址：宜蘭鄉大同鄉太平村燒水巷25號
二人房2200元

太平山莊
電話：(03) 9809806
地址：宜蘭鄉大同鄉太平村太平路67-1號
二人房2200元，平日8折

在太平山上可拍攝到不錯的北天星跡。（李佩儒 攝影）

宜蘭 羅東運動公園★★★

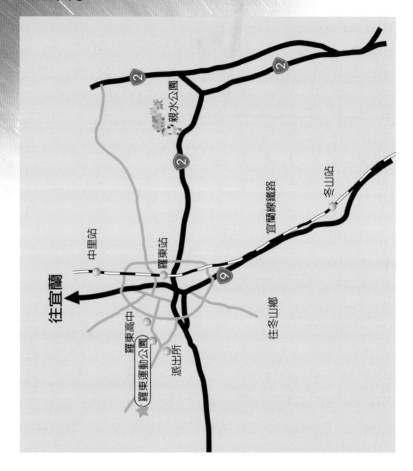

　　羅東運動公園裡有一個觀星丘，是專為觀星朋友而設計的，它的造型就像一個火山口，讓遊客能在火山口的位置，藉著四周屏障觀星，既有趣又特別。但本地點只適合認識較亮的星座，其他星雲、星團被當地光害影響，無法像在山區中那麼清晰，不想跑太遠的人，不妨可以來這兒認識星座。

羅東運動公園上的望天丘，是夜晚觀星的絕佳選擇。

在城市中看看月球上的隕石坑洞，也是不錯的選擇，若加上不同形狀的月變化，則會有不同的觀賞樂趣。
（初五上弦月，焦距3200mm　曝光1/250秒）

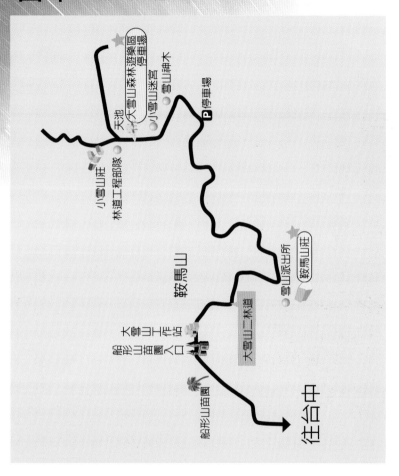

天池　小天大雪山森林遊樂區　停車場
小雪山迷宮　雪山神木
P停車場
小雪山莊　林道工程部隊
鞍馬山
大雪山工作站　船形山苗園入口　大雪山二林道
雪山派出所　鞍馬山莊
船形山苗園
往台中

台灣觀星地圖

　　大雪山森林遊樂區位於海拔1900～2500公尺之間，極為符合
天文攝影的條件。從東勢走進大雪山林道，一路上的重點從雪山
派出所開始，過了第一個山洞之後不久，右邊有一處小石子空
地，是不錯的地點，再往前走至森林遊樂區收費站的停車場，視

野也很不錯，至此高度已有2000公尺。如果還想往更高處走，你可以直接開往鞍馬山莊的停車場，山莊裡非常方便，任何設備都有，並供應三餐及住宿。若想繼續往上爬至小雪山莊（2500公尺），視野雖佳，但一切食宿及公共電話都沒有，且遊樂區內規定不准露營。

在雪山的黃昏裡，架好各式觀星器材，就等著準備開拍了。

從望遠鏡中可看見美麗的天鵝星雲在夏季銀河中游水。（焦距1200mm 曝光70分 富士Super底片）

雪山天池與海爾波普彗星。（趙偉光 攝）

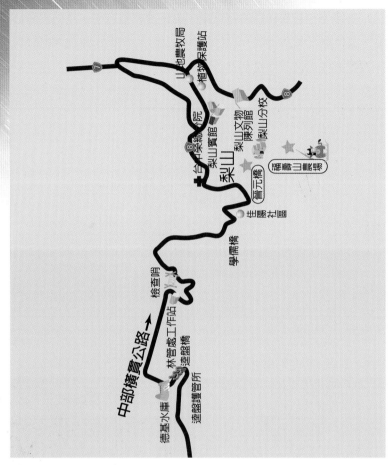

　　谷關至福壽山農場（梨山附近）被譽爲全省觀星第一聖地，因其交通及食宿皆方便，加上四周被許多雄偉山脈環繞，絕非浪得虛名。首先，當我們進入谷關至梨山的路段上，有一處優美的觀星點，位於汶山大旅社的櫻花園空地及後方停車場，此地可輕

易見到5等星，是很不錯的選擇。如果還不滿意，可直接到全省第一觀星聖地福壽山農場露營區或天池停車場內，其中的露營區更是全省觀星族的聚會所在。每年夏天，台灣天文俱樂部常在此舉辦星宴（Star party）觀星大餐。這裡地處極高，且四周近處均無高山遮蔽，可算是全台灣省光害最小、食宿最方便的一級觀星聖地。

食宿地點

　　提到梨山地區，當然也不能錯過當地的特產——高冷蔬菜、水果及一級高山茶，這裡的產量不僅供不應求，甚至連老外朋友都指名要來品嚐。住宿方面，如：梨山賓館、福壽山農場裡的小木屋或各式套房都很方便，值得全家一同前往。

福壽山農場
電話：(04) 25989205
地址：台中縣和平鄉梨山村福壽路29號
清潔費：全票70元，半票35元
小木屋2100元，一般房1900元，平日8折

梨山福壽山農場海拔2500公尺，是台灣極適合舉辦star party的地點。

福壽山上盛開的波斯菊，是除了觀星外，值得欣賞的另一項特色。

四周環山的一級觀星點。

台灣天文俱樂部在福壽山舉辦星宴（star party），讓全省同好一飽眼福。

從透明度佳的梨山可遠眺對岸的雪山山脈。

福壽山農場上擁有絕佳的觀星營地。

花蓮 花東縱谷★★★★

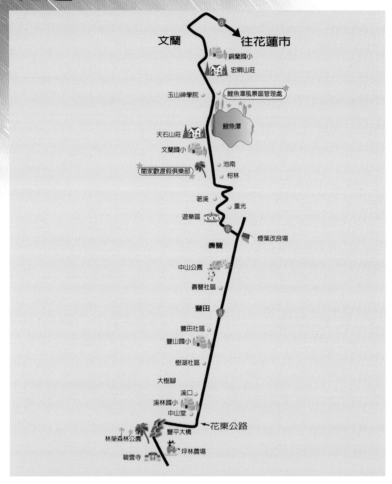

　　從花蓮市區往壽豐方向前進，即可進入花東縱谷，車程約35分鐘即抵達鯉魚潭，此地附近風光明媚，星空景色宜人，沿岸環湖道路約4公尺長，適合觀星族前來享受湖岸邊的另一種星空饗宴。

食宿地點

壽豐鄉盛產許多美味山菜，由於水質清澈、得天獨厚，即使是平凡無奇的苦瓜，嚐起來的口感也大大不同，其甘甜之處並非一般市面上可以買得到。到了鯉魚潭南端，也有許多露營區及旅社可供住宿，例如：闔家歡鯉魚潭渡假俱樂部就很方便。

花蓮縣風景管理所
電話：(03) 8222422
地址：花蓮縣壽豐鄉池南村南路一段8號
闔家歡鯉魚潭渡假俱樂部
電話：(03) 8641001
地址：花蓮縣壽豐鄉池南村村園路24號
二人房3300元，平日7折
平林農場
電話：(03) 8771121～2

有光害下的星跡，在星空中會產生黃黃綠綠的底色。

彰化　八卦山地區★★★

　　彰化縣的觀星地點均集中在大佛附近，從大佛往八卦山森林公園內走，沿途路上的畚箕湖及森林公園周遭，都可觀測不同季節的星座，如：夏季大三角的牛郎、織女、天津四都清楚可見。如果看完了天上的星星，還可欣賞夜景。燦爛的星空加上美麗的

夜景，可說是八卦山地區最大的特色。

食宿地點

　　八卦山區和市區之間的交通非常方便，可先享用美味晚餐後再前往觀星，八卦山區中有許多不錯的旅社、飯店及露營區，在食宿供應上應該不成問題。

使用13公分螢石鏡。（底片Kodak PPF400　曝光60分）

南投 清境農場（一）★★★★★★

　　埔里位於台灣的正中心點，從埔里走台14號線就可抵達泰雅族人的家鄉——霧社，過了霧社之後再往清境農場進入，便是觀星族的天堂，此地可說是天文朋友眼中的「朝聖地」，也是大家公認的一級觀星地點。這裡和福壽山農場或觀霧森林遊樂區有類

似的條件，海拔都在1500公尺以上，星空能見度屬全省之冠。清境農場一帶擁有相當良好的視野，一年四季的氣候也較其他地方穩定，雨量比北部少很多，空氣也較乾燥。如果來到這裡，有興趣的朋友不妨前往施老闆經營的見晴花園渡假山莊。

施老闆在此為天文同好精心規劃了獨一無二的45°星星草原（可躺著仰望星河）。

今年因為「火星大接近」的緣故，特別又添置天文望遠鏡，致力推廣天文休閒活動，預計明後年還會建立專業的中型天文台，擴大觀星族的視野。

見晴花園渡假山莊
電話：(049) 2803162
地址：南投縣仁愛鄉大同村定遠新村
　　　18-1號

躺在45°星星草原上觀星，可獲得最佳的視覺效果。

俯瞰見晴花園渡假山莊。

南投　▼　清境農場（一）

從清境農場附近遠望南邊星空及夜景。

南投 清境農場（二）★★★★★★

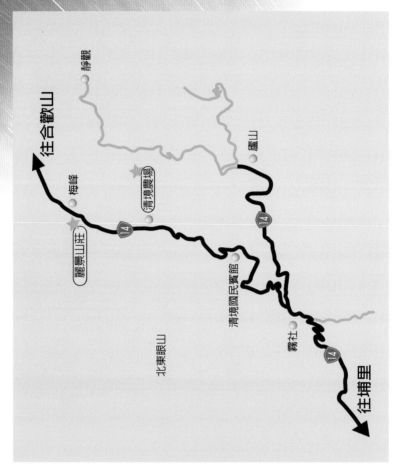

　　清境國小操場及清境農場的停車場，都是不錯的觀星點，附近有許多渡假山莊，例如：麗景花園山莊位於清境農場上方，在更高海拔的花園山莊中，可享受採星星的樂趣，一起來發揮你的想像力吧！

食宿地點

清境農場本身備有食宿，7～8月正逢水蜜桃盛產時期，加上常年生產的高麗菜，絕對讓你回味無窮。

清境農場
電話：(049) 2802748
地址：南投縣仁愛鄉大同村定
　　　遠巷25號
清潔費：全票70元，半票50元
二人房1500元起
麗景花園山莊
電話：(049) 2803199
地址：南投縣仁愛鄉大同村仁
　　　和路207號

雲海與星跡。

從清境國小的操場仰望銀河，視覺上非常壯觀。

高海拔的透明度的確不同，星星也隨著增多了！（拍攝於清境農場，右方為月亮西沈）

台灣觀星地圖

南投 合歡山★★★★★★

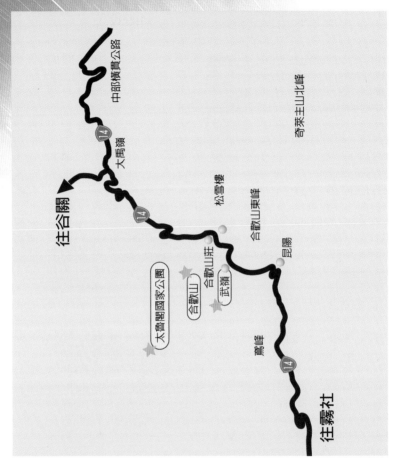

台14線是全省最高海拔的道路，最高點在武嶺，標高3275公尺，是全台灣車子皆可到達的最高觀星點，此地雖高、透明度極佳，但每天幾乎都是狂風亂吹，即使在夏季裡，氣溫也常處於個位數，不太建議觀星朋友前往，以免吃苦受寒。

PS.合歡山附近屬於太魯閣國家公園區內，一路上均不允許採行露營方式，只能睡在車子裡，或至合歡山莊投宿。

合歡山主峰附近透明度極佳。（陳立群攝）

合歡山小風口前的廣場適合觀星。

南投 日月潭★★★★

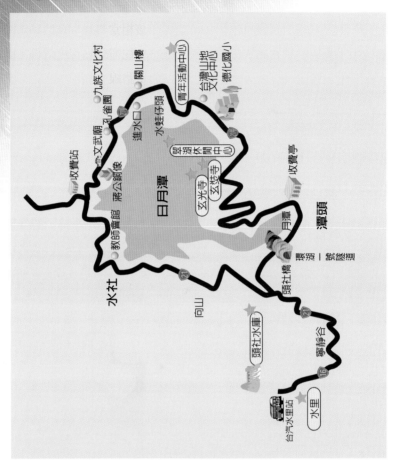

台灣觀星地圖

日月潭位處山谷地形，四面環山，雖然視野上較受限制，但只要選定地點，依然可享受星河的樂趣。除此之外，日月潭青年活動中心及光華島的玄光寺，都可作為觀星的好去處。

食宿地點

　　關於日月潭的食宿，相信各位讀者應該相當熟悉，這段路線上均為享有國際盛名的觀光景點，也有許多住宿地點可供選擇，交通方面非常便利，不論希望享受何種觀星路線，都可以在這裡得到最好的安排。

日月潭青年活動中心
電話：(049) 2850070～2
地址：南投縣魚池鄉日月村中正路101號
二人房1300～1600元

於山邊拍攝的海爾波普彗星，看起來更具特色。

南投 其他觀星點 ★★★★★★

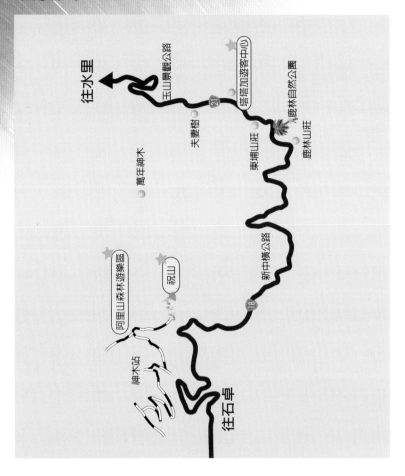

　　除了之前提過的路線外，南投縣可算是全省最佳的觀星重地，例如：玉山國家公園內的塔塔加遊客中心、阿里山附近、祝山觀日樓及丹大內的丹野農場，皆可說是超級觀星點。如果時間允許，不妨也到這些景點嘗試不同環境的高山觀星之旅。

觀星專家在塔塔加遊客中心前的廣場架設儀器，為夜晚的
觀星活動預先作好準備。

塔塔加。

在無光害之下拍攝的獵戶座及巴納德環，非常不可思議。（Kodak PPF 400底片 曝光100分）

雲林 草嶺★★★★

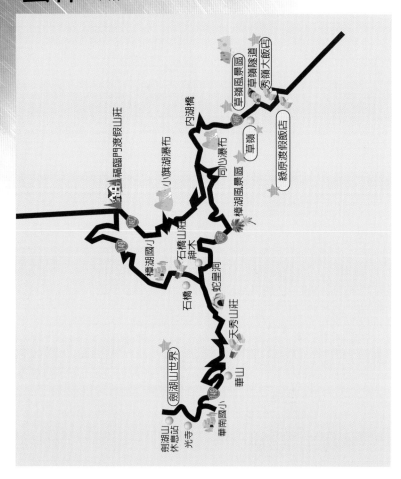

　　從樟湖往草嶺方向約50分鐘車程，就可以抵達草嶺風景區。草嶺位於雲林縣東郊，由於地處偏遠且位於高地，能夠隔離遠方城市的光害，在觀星地點的選擇上，只要是空曠、無遮蔽的地方，就可以盡情觀賞。

食宿地點

草嶺一帶屬於雲林縣風景區之一，住宿方面可選擇秀嶺大飯店或綠原渡假飯店等等。

秀嶺大飯店
電話： (05) 5831222
地址： 雲林縣古坑鄉草嶺村草嶺60號
二人房2000元，平日8折

綠原渡假飯店
電話： (05) 5831153
地址： 雲林縣古坑鄉草嶺村42～1號
二人房1600～3000元

仰望空曠無遮蔽的星空，讓人心胸更加開闊。（鄭蕊齡攝）

嘉義 阿里山★★★★★★

阿里山山區幅員廣大，其中有許多一級觀星聖地，大抵來說均分布於海拔2000公尺的祝山一帶。在這麼多地點中，以塔塔加附近的夫妻樹最為著名。還有許多停車場位於2000公尺海拔的分界點上，在這些分界點之上還有二萬坪（地名），都是主要的觀星據點。

食宿地點

阿里山附近的住宿地點不勝枚舉，在此推薦阿里山青年活動中心，因為恰好位於二萬坪的觀星點，在價格上也較為適中。

附近的其他觀星點

在前往阿里山的途中，石卓是一處不錯的觀星點，嘉義縣的瑞里風景區及曾文水庫，也都是可供參考的觀星地點，如果時間上來不及到阿里山區，也可到此地享受相同的觀星樂趣。

阿里山青年活動中心
電話： (05) 2679561、2679874、2679767
地址：嘉義縣阿里山鄉香林村二萬坪106號
二人房3000元，平日8折

夫妻樹附近有良好的觀星視野。

阿里山的月亮東昇。

台南 烏山頭水庫★★★★★★

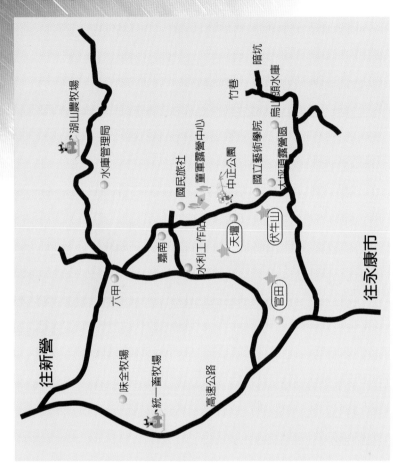

烏山頭水庫位於台南縣官田鄉，舊名「珊瑚潭」。在水庫附近的觀星重點，其實大同小異，只要選擇視野良好的場所即可。沿路環湖公路上有許多風景點，像中正公園、天壇、伏牛山，都可作為良好的觀星點，但此地離城市較近，光害還是比高山多一些。

食宿地點

在水庫北端的山丘上，設有大眾化的國民旅社，在旅社附近還有童軍露營中心可供紮營，但必須事先預約。

國民旅社
電話：(06) 6983121
地址：台南縣官田鄉嘉南村92號
二人房800元
童軍露營中心
電話：(06) 6985092
清潔費50元，蒙古包6人份300元

在烏山頭水庫也能夠拍攝到加州星雲。（Kodak 200底片 曝光60分，陳立群 攝）

台東 初鹿牧場★★★★

花東縱谷公路

卑南上圳工作站

初鹿牧場

初鹿橋

美農牧場

東成山莊
育生牧場

潑粉橋
飛行傘場

台東觀光蝴蝶蘭園
大八六九舊部落

泰安社區

太平山莊

利安牧場
木耳栽培場

安南宮

大南橋

知本墾區

台東市

知本箱根大飯店

濠景大飯店
山海戀
溫泉鄉

溫泉山莊
東泉大飯店
常鶴山莊
龍泉山莊

知本森林遊樂區

知本山莊

合家歡
知本飯店度假村
知本警光山莊
白玉瀑布

龍雲莊大旅社
逸軒大飯店

老爺大飯店
溫泉大飯店
名泉山莊

知本溫泉

知本溫泉橋

往南迴公路

觀林吊橋

台灣觀星地圖

　　沿著花東縱谷公路（台9線）往南走，會先到初鹿牧場，這裡是台東最佳的觀星點之一，距離台東市區僅18公里，交通非常方便，若再往下走約90分鐘車程，即可抵達知本。但由於近年來觀光事業發達，也帶來相當程度的光害，不過，在知本森林遊樂區內部，仍然可以欣賞到美麗的星空。

食宿地點

　　初鹿牧場除了畜牧業之外，亦有
旅遊項目的發展，牧場內設有烤肉
區，附近有一間初鹿山莊可提供住
宿。知本一帶為著名的溫泉勝地，到
處可見溫泉旅社，在觀星之餘同時來
個溫泉之旅，也是相當不錯的安排。

初鹿牧場
電話：(089) 571002
地址：台東縣卑南鄉明峰村牧場1號

初鹿山莊
電話：(089) 570138
地址：台東縣卑南鄉明峰村試驗場15-1號
二人房2400元，平日7折

東海岸的景色寬廣美麗，入夜後若開車經過這條海岸公路，不妨停下腳步，抬頭仰望天上繁星，運氣好
的話可以看見星星從海平面昇起，是相當獨特的經驗。

東台灣北回歸線標的附近，有一大片散步步道，由於此地光害極小，加上視野遼闊，到了夜晚往東方望
去，即是一望無際的星空。

台東 其他觀星點★★★★★

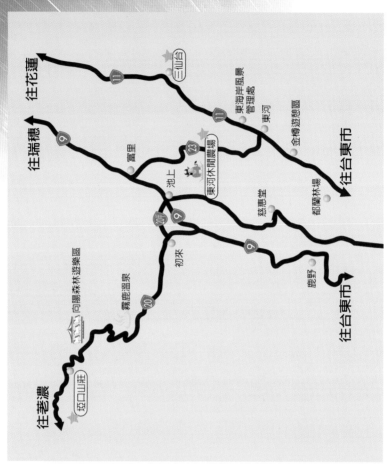

　　位於東河鄉的東河休閒農場、海瑞鄉向陽森林遊樂區附近的堊口山莊及成功鎮臨海的三仙台，同樣可作為觀星地點，這幾個地方都算是台東縣內光害較小的景點。

知本森林遊樂區

電話：(089)513395

地址： 台東縣卑南鄉溫泉村龍泉路

東河休閒農場

電話： (089) 891193

地址：台東縣東河鎮北源村45鄰67號

二人房1500元

觀看在房子上方的北天星跡，也有不同的感受。
（固定攝影 曝光3小時）

透過18公分望遠鏡，長時間曝光100分鐘的七姊妹星團。

台東

▼

其他觀星點

145

高雄 月世界、阿公店水庫 ★★★★

高雄縣附近的觀星點，雖然不像南投縣內有許多優良條件的勝地，但比起台北縣內任一觀星地點已經好太多，以氣候及光害的影響來看，也比北部小得多。以高雄縣的月世界來說，此地靠近嘉南平原末端，地勢平坦，周圍又無高山遮蔽，沒有市區光

害，抬頭仰望星空，隨時都能看到一堆星星。若再順著縣道往南行來到阿公店水庫，就像其他縣市的水庫一樣，也能擁有理想的觀星場地。

食宿地點

由於月世界周遭並沒有特定的住宿，所以在行程安排上，可以選擇鄰近岡山鎮一帶，鎮內有許多旅社可供住宿。阿公店水庫旁有一個大世界國際村（原名阿公店湖濱樂園），裡面有多項遊樂設施，並設有烤肉區。

大世界國際村
地址：高雄縣岡山鎮三和里菜寮路15號
電話：（07）6281917、6283585

月亮西沈流跡。

147

高雄　其他觀星點★★★★★

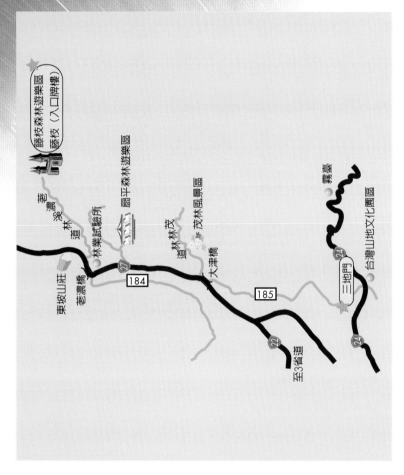

台灣觀星地圖

在高雄縣桃源鄉中，有許多可以觀星及洗溫泉的好地方。如梅山溫泉至天池一帶，光害都很小，其次還有藤枝山附近的藤枝森林遊樂區、霧臺鄉附近山區至三地門，均是光害極小的絕佳地點。但山區路段彎曲又無路燈，行駛時請務必小心。

148

三地門的銀河清澈燦爛，但路段較為彎曲。（Nikon 80mm鏡頭 Kodak E200底片 曝光20分）

藤枝附近能拍攝到許多有趣的星系，如：M51蝸牛星系。

屏東 墾丁地區 ★ ★ ★ ★

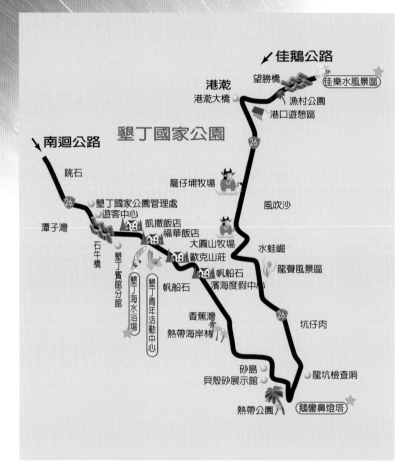

佳鵝公路

望勝橋　　佳樂水風景區

港漧
港漧大橋　　漁村公園
港口遊憩區

墾丁國家公園

南迴公路

眺石

26

籠仔埔牧場

風吹沙

墾丁國家公園管理處
遊客中心

潭子灣

凱撒飯店

石牛橋

福華飯店

水蛙窟

墾丁賓館分館

大圓山牧場

歐克山莊

龍磐風景區

墾丁海水浴場

墾丁青年活動中心

帆船石

濱海度假中心

帆船石

26

坑仔肉

香蕉灣
熱帶海岸林

砂島

龍坑檢查哨

貝殼砂展示館

熱帶公園

鵝鑾鼻燈塔

　　屏東縣位於台灣省最南端，整個恆春半島的觀星重點都著眼
於墾丁一帶，從南灣船帆石直到佳樂水，中間的鵝鑾鼻燈塔、社
頂公園龍磐風景區、富山農場、墾可牧場、佳樂水風景區等，都
是南台灣地區著名的觀星勝地。像近年來的百武彗星、海爾波普

彗星及獅子座流星雨，皆在媒體極力報導下，造成墾丁附近車輛水洩不通，聽說有高達好幾萬人擁進此地，只為了一盼彗星與流星的浩瀚奇景。

當你抵達墾丁時，在此地所能看到的星象，和北部略有不同。因為位處於最南端，因此整個天象也要跟著往南移，地半線的位置也要再往南走，你會發現這裡的北極星仰角比較低。

食宿地點

墾丁的住宿條件從平價的青年活動中心到五星級的凱撒飯店，各式都有，保證滿足客人不同的需求，其中還有歐克山莊及福華飯店等頗具聲望的大飯店可供選擇，因此墾丁是一個相當高級的觀星渡假勝地。

鵝鑾鼻燈塔。

墾丁青年活動中心
電話：(08) 8861222
地址：屏東縣恆春鎮墾丁路17號
二人房2700元，平日2500元
（特色）墾丁青年動中心平頂式天文台內，設有30公分級蓋塞格林式望遠鏡

凱撒大飯店
電話： (08) 8861888
地址： 屏東縣恆春鎮墾丁路6號
二人房5200～5900元

歐克山莊
電話：(08) 8861166
地址：屏東縣恆春鎮帆船路50號
二人房（面山）3520元（面海）4220元附早餐，假日加收600元

大量人潮擁進墾丁的海邊，觀測海爾波普彗星與船流跡。

墾丁的海岸擁有理想的觀星條件。

153

蘭嶼 ★★★★★

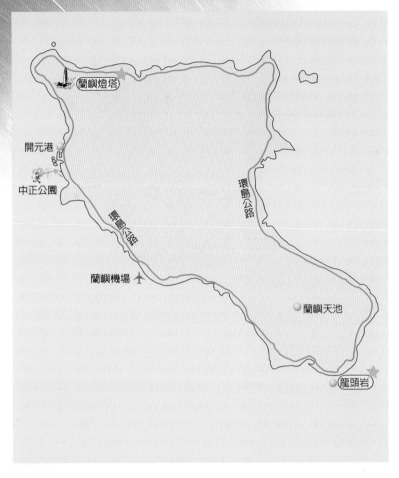

蘭嶼燈塔

開元港

中正公園

環島公路

環島公路

蘭嶼機場

蘭嶼天池

龍頭岩

　　蘭嶼位於台灣省最下方外海的太平洋海域中，此地受到污染極小，非常適合觀星。其中以復興農莊至龍頭岩附近最靠近南端，可看到南邊的星空，例如：南十字星座及鑰匙孔星雲，都相當值得欣賞。

鑰匙孔星雲。

觀賞離島上的百武彗星，會比在本島平地上看得更清楚。

綠島 ★★★★★

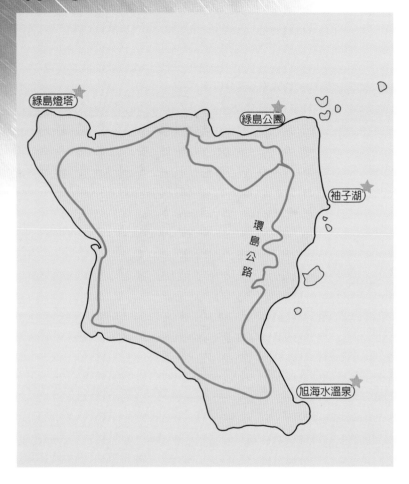

綠島燈塔

綠島公園

袖子湖

環島公路

旭海水溫泉

　　大致上，綠島及蘭嶼擁有相同的觀星條件，島上無任何較亮的城市燈光，在夜裡，可盡情神遊於星河瀰漫的夜空中。綠島有著名的旭海水溫泉、朝日溫泉、綠島公園、袖子湖及綠島燈塔等景點，提供觀星者不同的選擇。

（綠島燈塔）夜間可在海灘上瞭望地平線上的星星從海面上昇起。

綠島著名的「睡美人」與「哈巴狗」。

賓島渡假村

電話：（089）672699

地址：綠島鄉公館村柴口61～1號

二人房2400元，平日75折，假日9折
（附設住宿及規劃環島行程，請上網查詢，
或電洽賴老闆）

http://www.tw-welcome.com/

朝日溫泉入口。

在賓島渡假村中可烤肉兼觀星，是年輕人聚會的大本
營，晚間會播放爵士樂，放鬆遊客的心情。

賓島渡假村大門一景。一走出大門即可見到海景，還能
就近散步至海灘，欣賞美麗夜景及滿天繁星。

採露天方式的朝日溫泉，讓遊客在享受舒服的溫泉之餘，可直接仰望在天空閃耀的星星，一舉兩得。

H-12星雲。

澎湖 ★★★★★

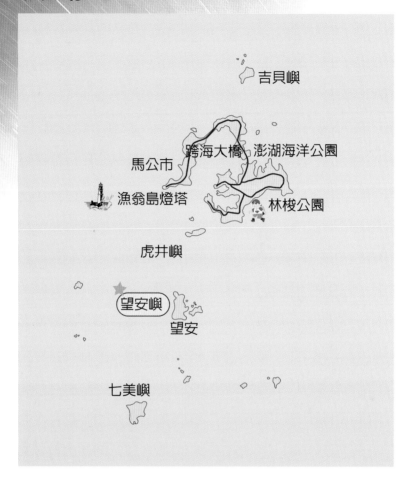

吉貝嶼

跨海大橋　澎湖海洋公園

馬公市

漁翁島燈塔

林梭公園

虎井嶼

望安嶼

望安

七美嶼

　　澎湖縣除了古蹟眾多外，也是一個星星「產量」極多的好地方，其中以望安島上的視野及環境最佳，可說是無光害的好觀測地點。若夏季在海灘上，望著滿天星斗所綻放出不可思議的生命力及光芒，知性與感性的結合，絕對讓你永生難忘！

海鷗星雲彷彿在星空中自由飛翔。

（13公分螢石鏡拍攝 曝光60分 Kodak 100S底片）

天蠍座的心臟星宿二與黑暗帶星雲。

附錄篇

如何辦理入山證

（一）入山證種類：

1. 山地經常管制區需申辦甲種入山證。

2. 山地管制遊覽區需申辦乙種入山證。

（二）甲種入山證的申辦民眾必須持有相當證明文件及正當理由，向警務處保安科或各當地縣警察局保安課及警察分局辦理。（警務處可辦理全省各縣市，當地警察機關僅能辦理當地縣市）

（三）欲申辦乙種入山證的民眾，只需攜帶身分證，在當地派出所即可辦理，隨到隨辦。

（四）申請人需填寫入山者姓名、性別、籍貫、出生年月日、職業、國民身分證號碼、住址等。（如係團體者應準備四份名冊）

（五）甲種入山證的證明文件，係指各級機關、學校、公司行號，或登記有案之各種社團等單位，發給入山申請人之證明文件。

（六）攀登三千公尺以上高山者，尚需檢附登山計畫書，並由領有嚮導證的嚮導參加，才能申辦入山證。

（七）入山前申辦入山證，使用駕照或身分證影本即可辦理，唯入山時仍需攜帶身分證正本以供查驗。

※對於入山證的申請有任何疑問，可洽詢警務處保安科（04）23288222台中市文心路二段588號。

台灣森林遊樂區簡介

■滿月圓森林遊樂區

位於台北縣三峽鎮，以滿月圓山附近森林景觀及大豹溪上游的瀑布景觀為主要特色。

新竹林區管理處電話：（035）224163

滿月圓電話：（02）26720004

■內洞森林遊樂區

位於台北縣烏來鄉信賢村，以南勢溪上游、娃娃谷瀑布及附近原始森林景觀為特色。

新竹林區管理處電話：（035）224163

內洞電話：（03）5244350

■東眼山森林遊樂區

位於桃園縣復興鄉，以東眼山種植整齊人造林景觀為主要特色。

新竹林區管理處電話：（035）224163

東眼山電話：（03）3821505

■棲蘭森林遊樂區

位於宜蘭縣大同鄉，以先總統 蔣公行館、花園、苗圃為特色。

退輔會森林開發處電話：（039）384170

棲蘭電話：（039）809606

■明池森林遊樂區

位於宜蘭縣大同鄉，以苗圃、柳杉、人造林及檜木原始林景觀爲特色。

退輔會森林開發處電話：（039）384170

明池電話：（039）894104~6

■太平山森林遊樂區

位於宜蘭縣大同鄉，以蹦蹦車、仁澤溫泉、太平山林場及高山湖泊翠峰湖爲主要特色。

羅東林區管理處電話：（039）809806

翠峰湖電話：（039）322103

■八仙山森林遊樂區

位於台中縣和平鄉，以八仙山下森林景觀及大甲溪支流佳保溪及十文溪之溪流景觀爲主要特色。

東勢林區管理處電話：（04）25872141

八仙山電話：（04）25951214

■大雪山森林遊樂區

位於台中縣和平鄉，以海拔2000～2500公尺之溫帶原始林景觀及天池、神木等爲特色。

東勢林區管理處電話：（04）25872141

大雪山電話：（04）25870014

■武陵森林遊樂區

位於台中縣和平鄉，以大甲溪上游七家灣溪、瀑布、溪流、國寶魚櫻花鉤吻鮭及附近原始森林為特色。

東勢林區管理處電話：（04）25872141

武陵電話：（04）25901020

■合歡山森林遊樂區

位於花蓮縣秀林鄉，以合歡山附近高山植物、原始森林及高山滑雪場雪景為主要特色。

東勢林區管理處電話：（04）25872141

合歡山電話：（049）2802732

■奧萬大森林遊樂區

位於南投縣仁愛鄉，以濁水溪上游萬大溪溪流、瀑布及附近原始森林、楓樹林為特色。

南投林區管理處電話：（049）2367111

奧萬大電話：（049）2974511

■溪頭森林遊樂區

位於南投縣鹿谷鄉，以大學池、孟宗竹林、銀可林及竹類、針葉樹標本園為主要特色。

台灣大學實驗林管理處電話：（049）2642181

溪頭電話：（049）2612111

■惠蓀森林遊樂區

位於南投縣仁愛鄉，以守城大山（2418公尺）下之原始森林景觀及北港溪溪流景觀爲特色。

中興大學實驗林管理處電話：（04）22873784

惠蓀電話：（049）2941041～2

■阿里山森林遊樂區

位於嘉義縣阿里山鄉，以登山鐵路火車、阿里山森林、神木、雲海、日出、塔山石猴等景觀爲特色。

嘉義林區管理處電話：（05）2787006

阿里山電話：（05）2679715

■藤枝森林遊樂區

位於高雄縣桃源鄉，區內柳杉人造林茂密遼闊，有「南部溪頭」之稱。

屏東林區管理處電話：（08）7322146

藤枝電話：（07）6891034

■雙流森林遊樂區

位於屏東縣獅子鄉，以石板屋遺跡及原始森林、溪流、瀑布景觀爲特色。

屏東林區管理處電話：（08）7322146

雙流電話：（08）8701394

■墾丁森林遊樂區

位於屏東縣恆春鎮，以珊瑚礁奇岩、鐘乳石洞及一千多種熱帶植物等自然景觀爲特色。

屏東林區管理處電話：（08）7322146

墾丁電話：（08）8861211

■池南森林遊樂區

位於花蓮縣壽豐鄉，區內林業陳列館中保有齊全的台灣林業史料及機具，人工整治的造林地依伴著鯉魚潭爲其特色。

花蓮林區管理處電話：（038）325141

池南電話：（038）641594

■富源森林遊樂區

位於花蓮縣瑞穗鄉，秀姑巒溪北側支流富源溪，奇石、瀑布、樟樹造林及原始闊葉林爲主要景觀，區內蝴蝶多達三十餘種，每年3～8月，只見各式蝴蝶漫天飛舞。

花蓮林區管理處電話：（038）325141

富源電話：（038）811514

■知本森林遊樂區

位於台東縣卑南鄉，以知本溪河床流出之天然溫泉、瀑布、吊橋及區內熱帶原始雨林爲主要特色。

台東林區管理處電話：（089）324121

知本電話：（089）513395

台灣國家公園簡介

■墾丁國家公園

為台灣唯一兼具山海之勝、沼原之美的國家公園。位於恆春半島，三面臨海，東向太平洋，西臨台灣海峽，南瀕巴士海峽，北至龜山、九棚山一帶，陸域範圍有17,731公頃，海域範圍則為臨海面海岸線一公里內之海域，有14,900公頃，全區面積共計32,631公頃。

★管理處：屏東縣恆春鎮墾丁路596號

電　話：（08）8861321

■玉山國家公園

峻嶺連綿是玉山國家公園最大的特色。主要涵蓋了玉山山脈主峰區域及中央山脈的中南段區域，其中海拔3,000公尺以上、名列台灣「百岳」的山峰共有30座之多。形成台灣高山島嶼的特性，同時也蘊育豐富的生態資源，面積達105,490公頃，為台灣最大的國家公園。

★管理處：南投縣水里鄉中山一段300號

電　話：（049）2773121～3

■陽明山國家公園

完整的火山地形、地質景觀，是陽明山國家公園最大的特色。位於台灣島的北端，海拔標高自200公尺至1120公尺，東至磺嘴山、五指山東側，西至烘爐山、面天山西麓，北至竹仔山北側，南到紗帽山及鵝尾山南麓，座落於大屯火山群彙的中心地區，面積約11,456公頃。

★管理處：台北市陽明山中正路一段54-1號

電　話：（02）28613601～6

■太魯閣國家公園

以立霧溪切割形成的太魯閣大理石峽谷景觀最富盛名。主要涵蓋中央山脈的北中段區域，中部橫貫公路正好橫切而過，其區域範圍北為南湖北山，東以清水斷崖，南界奇萊連峰、太魯閣大山，西以合歡群峰為界。其中海拔3,000公尺以上，名列台灣「百岳」的山峰共有27座之多，面積達九萬二千餘公頃。

★管理處：花蓮縣秀林鄉富世291號

電　話：（038）8211888

■雪霸國家公園

以高山及河谷地形景觀為本區特色，主要涵蓋雪山山脈的高山區域。東以喀拉業山為界，南沿大甲溪而下，西以小雪山、樂山為臨，北至南馬洋山，其中海拔3,000公尺以上，名列台灣「百岳」的山峰共有19座之多，總面積為76,850公頃。

★管理處：台中縣東勢鎮東關街615之20號

電　話：（04）25888647

■金門國家公園

為國內第一座以維護歷史文化資產、戰役紀念為主，兼具自然資源保育、研究及育樂目標的國家公園。其範圍涵蓋了金門本島及烈嶼島，劃分成古寧頭、古崗、太武山、馬山及烈嶼等五個區域，面積為3,780公頃，占金門總面積的四分之一。為國內唯一離島、面積最小的國家公園。

★管理處：金門縣金寧鄉伯玉路二段460號

電　話：（0823）2204650

台灣地區的天文社團

■中國天文學會
104 台北市中山北路四段5號

■台北市天文協會
104 台北市中山北路四段5號

■台灣天文俱樂部
106 台北市瑞安街23巷5號

■台中市天文學會
400 台中市民權路185號11樓之4

■嘉義市天文協會
600 嘉義市吳鳳北路342號

■嘉義縣天文學研究會
600 嘉義市北興街82號

■台南市天文協會
700 台南市南門路189號

■高雄市天文學會
800 高雄市中華4路193號2樓

建議書籍、資料

天文攝影類：

Astrophotography：An introduction by H.J.P. Arnold

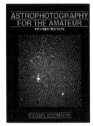

Astrophotography for the Amateur, Revised Edition

學習如何拍攝天空裡的每一事物，從架設 35mm相機於三角架開始，到進階的望遠鏡攝影技巧逐一介紹。如果你只能買一本天文攝影書，此書正是你需要的。（168頁，7.2510吋）

Astrophotography II by Patrick Martinez

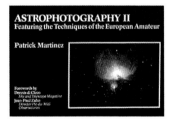

天文攝影者能由本書快速得到技巧及建議，本書附有許多照片及插圖，涵蓋由星野攝影到直焦點攝影，從對焦方法到倒易律的所有資訊。（174頁，9×6吋，硬封面的書）

A Manual of Advanced Celestial Photography by Brad D. Wallis and Robert W. Provin, Cambridge University Press；New York；1988

包括許多進階天文攝影技術的介紹。

CCD使用與影像處理類：

Choosing and Using a CCD Camera by Richard Berry, Willmann-Bell；1992

本書將CCD天文學基礎部分以易於瞭解的方式介紹。包含CCD晶片基礎介紹、六種CCD影像格式、準備CCD相機用的天文

望遠鏡、如何拍攝和校正CCD影像。提供與IBM PC相容的影像校正軟體及樣本影像以供練習。（96頁，8.5×11吋，5.25"磁片）

Introduction to Astronomical Image Processing, by Richard Berry

Berry用平易近人的語法描述如何開啓天文影像資訊的奧秘，本書包含與IBM PC相容的AstroIP氣象處理軟體及19個樣本影像以供練習。（96頁，8.5×11吋，5.25″磁片兩片）

The Art and Science of CCD Astronomy by David Ratledge,ed（Springer-Verlag；New York；1996）

許多業餘天文學家和CCD專家，介紹從月球到深空天體的CCD影像處理技術。

天文儀器類：

StarWare：The Amateur Astronomer＇s Guide to Choosing, Buying and Using Telescope and Accessories by Philip S. Harrington

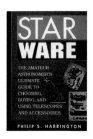

如何購買或製作、安裝、測試、使用及維護天文望遠鏡設備？這是一本完全指南。沒有生硬的事實陳述，而是對於天文儀器發展動態親切的討論。比較所有市場上的望遠鏡，記錄哪些最適合同好的特殊需求。（384頁，7.25×10.25吋）

Atlas of Deep Sky Splender

　　這本受人重視的參考書，展示400個星系、星雲和星團周圍星野的113張2.5度見方廣角攝影。大部分以相同的比例（10=60mm）重製而得到天體的相對尺寸、結構與位置的眞實描述。文字說明亦提供大量的歷史和天文資訊。（242頁，9.51×2.75吋，硬封面的書）

The Messier Album by John Mallas and Evered Kreimer

　　由18世紀的梅西葉（Charles Messier）所登錄的109個星雲、星團和星系目錄，是每個天文愛好者最想尋找的天體。本書裡你可找到每一梅西葉天體的近代和古典的眼視描述、攝影及找尋圖各一張及有趣的天文眞相。由Owen Gingerich所寫的介紹性章節，包含梅西葉目錄的歷史詳述，及1784年原版的重刊。（248頁，6×9吋，硬封面的書）

Burnham＇s Celestial Handbook
by Robert Burnham, Jr.

　　三巨冊的現代經典，在對初學者的簡介後，有2,138頁對數千顆能以5公分口徑或更大的望遠鏡所能觀測的星星和深空天體之描述。依照星座的英文字母順序排列，每章包含雙星、多重星、變星、星雲、星團和星系的表格及詳細的文章或論文。數百張星圖與插圖，超過300張照片。（每冊為6×9吋）

The Observer's Guide to Astronomy
by Terence Dickinson and Alan Dyer

初學者和中級的觀星者一定會珍藏此現代而全方位的書籍，全書包含豐富的儀器建議、觀測資訊，拍攝動人照片的技巧。附有許多業餘同好所拍的美麗彩色天文照片與插圖。（295頁，9 $\frac{3}{8}$ ×11吋，硬封面的書）

A View of The Universe by David Malin

Sky Publishing & Cambridge University Publishing and New York;1993）

著名的天文攝影家David Malin所拍的驚人影像，廣為天文雜誌採用。使用現今世上的大望遠鏡，革新的影像處理技巧，Malin取得星系、星雲和星團的真實顏色。本書有超過100張仔細挑選但以前未發表的照片，伴隨吸引人的照片介紹，這是用傳統底片所產生的藝術與科學結晶。（232頁，9 $\frac{3}{8}$ ×11吋，硬封面的書）

Star-Hopping for Backyard Astronomers by Alan MacRobert
1,100

Sky & Telescope的編輯Alan MacRobert解釋如何在可辨認的星空圖案中，找尋附近錯綜複雜但不太顯眼的天體，然後藉由14個北天球的Star-Hop進行天文大狩獵，把160個相當困難的天體找到。每一個Star-Hop取材自Sky & Telescope，包含詳細的星圖、天體描述及照片。第一章介紹如何選擇及使用天文望遠鏡、閱讀星圖、瞭解天球方位及如何尋找暗的天體。

天體圖：

Bright Star Atlas 2000.0

By Wil Tirion

包含全天星空10張圖，記錄9096顆至6.5等的
星星，包含六百個最亮的深空天體列表，及六張
季節找尋星圖。（32頁，9×12吋）

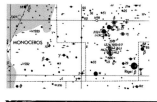

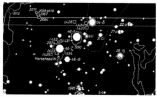

Sky Atlas 2000.0 Laminated Field
Edition

標準業餘天文用星圖，包含全天
26張圖。全套含塑膠座標格線重疊
器，有兩種版本，分為白底黑星及黑
底白星。

每張圖皆有防水護貝，為外出觀
測防潮之專用星圖。總星點為43,000
顆至八等，共有2,500個確認的深空天
體。具有變星、雙星、多重星的符號
標示，並有清楚描繪的星座邊界。

Uranometria 2000.0 Vol.1 Vol.2

by Wil Tirion, Barry Rappaport and George Lovi

進階級天文星圖，提供望遠鏡使用者至9.5等332,000顆星，加
上10,300個深空天體，每張圖標示赤緯一度間隔極赤經，類似間隔

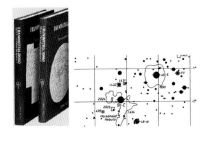

的座標格線。其比例大約是每3.6公分1.4度。每一冊包含259張圖，Vol.1包含北天球及至負六度的區域，Vol.2包含南天球及至正六度的區域。（9×12吋，硬封面的書）

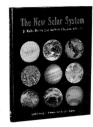

The New Solar System 3/e by J.Kelly, Beatty and Andrew Chaikin

太陽系方面知識最齊備、可讀性最高的書，亦是銷售排行榜的常客。在名天文學家Carl Sagan介紹後，26位行星科學家帶你探討太陽、行星及其衛星、彗星、小行星。內含最佳的行星地圖與照片。（326頁，8.25×11吋）

Lunar Map Pro月面電子地圖

這是一個前所未有專門觀察月球的超級應用軟體，既先進且具有高解析度，適用於 Windows 平台上觀察月球。月球的陰晴圓缺、月球的地形及地名、地球到月球的距離、月球與地球的相對位置、月面視直徑及月球座標等資訊，均能提供讀者許多相關資料與圖表。使用起來很簡單，而且是立體呈現，讓你可以很輕鬆地去探索、認識月球。最炫的是，它連月球上的坑洞，都能看得一清二楚！

天文海報：

The Messier Objects

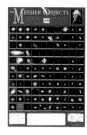

　　將109個梅西葉天體黑白照片放在一張藍色背景的掛圖，並有梅西葉畫像、天體的資訊，及依照星座、座標和天體類型分類的三個快速交互索引表。（24×36吋）

Astronomy：Anatomy of the Universe

　　35張彩色照片描述目前已知存在於宇宙的不同類型天體。每張影像的解釋文字包含至地球的距離，以光年表示。有行星、星雲、星團、星系、魁霎、月全蝕和彗星等，非常美觀。（24×36吋）

流星觀測類：

Handbook for Visual Meteor Observation 3/e, International Meteor Organization

　　國際流星組織所出版的流星觀測專書，詳細介紹流星目視觀測方法以及各流星群觀測史。

Splendors of the Universe ,A Firefly Book, By Terence Dickinson and Jack Newton

　　提供相機、底片鏡頭和攝影與CCD使用技術，包含200百多張彩色照片。

The Guide to Amateur Astronomy by Jack Newton and Philip Teece, Cambridge University Press；New York.,1995
介紹普通天文學，對於天文攝影及CCD的影像處理，亦有專章介紹。

Colours of the Galaxies by David Malin and Paul Murdin, Cambridge University Press; New York.,1984
介紹不同天體有不同的發光顏色，並教導讀者如何在底片上捕捉其顏色的專業攝影技術。

The Backyard Astronomer's Guide by Terence Dickinson and Alan Dyer（Firely Books；Willowdale, Ontario, 1994）
詳細介紹業餘天文學。

天文雜誌：

Sky & Telescope
Sky Publishing Corporation, P.O. Box 9111, Belmont MA 02478-9111, USA
fax : 617-864-6117

Astronomy
Kalmbach Publishing, Box 1612, Waukesha, WI 53187, USA
Astronomy Now

天文網站介紹

　　現今天文網站種類繁多，在此僅舉部分國內、外知名網站，提供讀者參考。

國內部分：

　　守著星空守著你：陳立群的天文網頁

　　http://home.dcilab.hinet.net/lcchen/511qch01.htm

　　或http://come.to/formosasky

　　終身學習網創意好站徵選社會組特優、蕃薯藤搜尋引擎酷站推薦、PC Home集團入門好站一百、todo搜尋引擎推薦、自由時報、衛普電腦台、華視早安今天與中國時報專訪報導的跨世紀本土天文網頁。提供天象預報、天文活動報導、多種天文軟體介紹與測試版軟體下載、網際網路與天文軟體研討會、天文書籍評介、日月食、天文觀測、天文儀器使用經驗、天文攝影、太陽系、星雲、星團、星系介紹、天文觀測、太空探測、天文站台連結與介紹、風景攝影……等。本網頁與網友共同學習天文與太空新知，並有網友將自己的心得或攝影作品，透過此網頁與大眾分享，和你一樣，愛你所愛的這片土地，關心我們的天空，齊心為創造中文網路的天文終身學習環境而努力。

　　景德光學

　　http://www.optics.com.tw/

　　從事各種天文儀器行銷與研發，並積極推廣天文與賞鳥等休閒活動，提供產品介紹、天文活動消息與天文儀器之使用與選購等技巧。

　　http://www.phy.ncku.edu.tw/~astrolab/mirrors/

　　每日一幅天文影像或照片，並有天文專家執筆之簡短說明。

取得美國太空總署（NASA）授權的台灣Micrror站，由成大物理蘇漢宗教授翻譯成中文，帶你探索迷人的宇宙世界。

每日一天文圖（Astronomy Picture of the Day中文版，成功大學分站）

成大物理學系 天文學概論

http://www.phy.ncku.edu.tw/~astrolab/e_book

主要內容有一本中文的天文電子書，隨重要的天文發現或活動而撰寫天文專題，及常見英文天文名詞的譯名。成大天文遠距教學計畫（國科會）的內容，以及此計畫對中小學地科教師及一般大眾可提供的服務。

虛擬玉山天文台

http://vm.rdb.nthu.edu.tw/astro/

由清大教授黃一農主持，內容包含天文展覽館、天文教室及星友談天討論區。

台北市立天文科學教育館

http://www.tam.taipei.gov.tw/

曆象資料、天文館沿革史與全館展覽簡介、館內活動報導與天文相關消息、國內外相關之天文網站連結。

交通部中央氣象局天文站

http://www.cwb.gov.tw/astron/index.htm

天象特報、流星雨、彗星訊息、日曆資料、天文知識百問。

中國天文學會

http://caswww.phy.ncu.edu.tw/

學會及天文相關機構活動、天文資訊、天文問題諮詢、網站連結。

黃祈雄的宇宙天文篇（Bill's Astronomy Area）

http://www.moeaidb.gov.tw/~bill/astro/astro.htm

內容包含天文多媒體動畫檔、天文奇觀、梅西葉天體、銀河系、太陽系、彗星，四季星座、天文望遠鏡、天文攝影、天文網友最新消息（News），國內天文站台網址整理完整，並將網站加上Good（極品）、Cool（佳作）、Fun（有趣）、New（新增）等標示，站長黃祈雄先生任職於經濟部工業局資訊室。

TAS台灣天文網

http://tas.idv.tw

內容有天文速報、地球、天文攝影、天文觀測、天文物裡、哈伯太空望遠鏡、太空探索、天文台巡禮、星雲星團星系、太陽系之旅、天象預報及天文儀器等。

國外部分：

天文攝影：

Chuck's Astrophotography

http://www.aa6g.org/astro.html

內含許多Chuck Vaughn的精彩天文攝影文章及照片。

Jerry Lodriguss's Catching the Light-The art of DeepSky Astrophotography

http://astrosurf.org/neptune/astropix/index.html

提供有用的天文攝影技術與底片推薦，以及他所拍攝的驚人照片。

Brad Wallis' Home Page
http://www.frazmtn.com/~bwallis/

Galaxy Photography Astrophotography by Jason Ware
http://www.galaxyphoto.com/

天文雜誌：

Sky & Telescope
http://www.skypub.com/

ATM雜誌
http://www.atmpage.com/

Astronomy Now
http://www.astronomynow.com/index.html
英國出版的Astronomy Now雜誌。

The Astrograph
http://www.erols.com/astrogph/
天文攝影雙月刊，1973年創刊。（16頁，8 1/2 by 11 inch）

Santa Barbara Instrument Group網頁
http://www.sbig.com/
生產許多款暢銷天文CCD相機ST-4、ST-6、ST-7、ST-8等的
CCD大廠。

William Optics USA
http://www.william-optics.com
介紹各式專業天文儀器。

天文符號

希臘字母

Alpha	A	α	阿爾法	Nu	N	ν	妮宇
Beta	B	β	貝塔	Xi	Ξ	ξ	克希
Gamma	Γ	γ	伽瑪	Omicron	O	o	奧米克倫
Delta	Δ	δ	代爾塔	Pi	Π	π	拍
Epsilon	E	ε	依布希倫	Rho	P	ρ	羅宇
Zeta	Z	ζ	捷塔	Sigma	Σ	σ	希克瑪
Eta	H	η	葉塔	Tau	T	τ	托宇
Theta	θ	θ	矽塔	Upsilon	Υ	υ	宇布希倫
Iota	I	ι	艾奧塔	Phi	Φ	φ	伏伊
Kappa	K	κ	柯巴	Chi	X	χ	基伊
Lambda	Λ	λ	拉姆達	Psi	Ψ	ψ	布希
Mu	M	μ	迷宇	Omega	Ω	ω	亞美加

日月行星符號

⊙ 太陽	♂ 火星	♇ 冥王星
☽ 月球	♃ 木星	● 朔（新月）
☿ 水星	♄ 土星	◑ 上弦
♀ 金星	♅ 天王星	○ 望（滿月）
⊕ 地球	♆ 海王星	◐ 下弦

黃道星座符號

♈ 白羊座	♌ 獅子座	♐ 人馬座
♉ 金牛座	♍ 室女座	♑ 摩羯座
♊ 雙子座	♎ 天秤座	♒ 寶瓶座
♋ 巨蟹座	♏ 天蠍座	♓ 雙魚座

國家公園及主要風景區管理單位電話

＜國家公園＞

單位	地址	電話
陽明山國家公園管理處	台北市陽明山竹子湖路1-20號	(02)2861-3601
雪霸國家公園管理處	苗栗縣大湖鄉富興村水尾坪100號	(037)996-100
玉山國家公園管理處	南投縣水里鄉中山路一段300號	(049)277-3121
墾丁國家公園管理處	屏東縣恆春鎮墾丁路596號	(08)886-1321
太魯閣國家公園管理處	花蓮縣秀林鄉富世村富世291號	(03)862-1100～6

＜北部風景區＞

東北角海岸國家風景區管理處	台北縣貢寮鄉福隆村興隆街36號	(02)2499-1115
北海岸風景區管理所	台北縣石門鄉德茂村下員坑33-6號	(02)2636-4503
野柳風景區管理所	台北縣萬里鄉野柳村港東路167-1號	(02)2492-2016
觀音山風景區管理所	台北縣五股鄉凌雲路三段130號	(02)2292-8887～8
碧潭風景區管理所	台北縣新店市新店路207號3F	(02)2913-1184
烏來風景區管理所	台北縣烏來鄉瀑布路34號	(02)2661-6355
石門水庫管理中心	桃園縣龍潭鄉大平村二坪37號	(03)471-2247

＜中部風景區＞

大坑風景區管理站	台中市北屯區東山路二段濁水巷9-1號	(04)2239-4272
台中縣風景區管理所	台中縣豐原市陽明街36號	(04)2529-7015
梨山風景區管理所	台中縣和平鄉梨山村中正路95號	(04)2598-9243
八卦山風景區管理所	南投縣名間鄉名松路二段181號	(049)2580-525
雲林縣風景區管理所	雲林縣斗六市雲林路二段519號	(05)534-5466

＜南部風景區＞

大鵬灣國家風景區管理處	屏東縣東港鎮船頭路25-254號	(08)833-8100
珊瑚潭風景區管理所	台南縣官田鄉嘉南村68-2號	(06)698-2103
曾文水庫管理中心	台南縣楠西鄉密枝村70號	(06)575-3251
虎頭埤風景區管理所	台南縣新化鎮中興路42巷36號	(06)590-3897
高雄市風景區管理所	高雄市左營區翠華路1435號	(07)588-3242
澄清湖觀光區	高雄縣鳥松鄉大埤路32號	(07)731-1111
茂林風景區管理所	高雄縣茂林鄉茂林村12-5號	(07)680-1488
澎湖國家風景區管理處	澎湖縣馬公市光華里171號	(06)921-6521

＜東部風景區＞

花東縱谷國家風景區管理處	花蓮縣瑞穗鄉瑞良村中山路三段215號	(03)887-5306
東部海岸國家風景區管理處	台東縣成功鎮信義里新村路25號	(089)841-520
宜蘭縣風景區管理所武荖坑站	宜蘭縣蘇澳鎮新城南路61號	(03)996-1067
宜蘭縣風景區管理所冬山河站	宜蘭縣五結鄉協和路20-36號	(03)950-2097
花蓮縣風景區管理所	花蓮市府前路17號	(03)822-2422

火車

<網路訂票網址>

http://railway.hinet.net/

<電話語音訂票>

TEL:412-1111　輸入用戶碼333#
（台北、基隆、桃園、新竹、台中、彰化、嘉義、台南、高雄、屏東、宜蘭、花蓮地區使用）

TEL:41-1111　輸入用戶碼333#
（台東地區使用）

TEL:08-412-1111 輸入用戶碼333#
（外島地區使用）

<三大都會訂位專線>

台北／02-2504-9999

台中／04-2224-0406

高雄／07-216-2400

<全省鐵路申訴電話>

TEL:02-2370-2727

<鐵路局主要車站服務電話>

基隆／02-2426-3743

松山／02-878-78797

台北／02-2311-1024

　　　081-231919

　　　02-2371-3558

　　　02-2311-0121

板橋／02-381-5226

桃園／03-332-3304

中壢／03-422-3235

新竹／035-237-411

苗栗／037-260-031

豐原／04-520-8170

台中／04-2222-5150

彰化／047-274-218

雲林／048-320-544

水里／049-770-015

斗六／055-322-115

嘉義／05-222-8904

台南／06-223-2641

高雄／07-237-5113

屏東／08-732-2450

宜蘭／039-369-766

蘇澳／039-962-028

蘇澳新站／039-961-004

花蓮／038-355-941

台東／089-229-687

台東新站／089-229-687

國內航空公司訂位電話

<中華航空>

台北／02-2715-1122

松山機場／02-2712-3889

高雄／07-2315181

小港機場／07-801-2673

<德安航空>

台北／02-2712-3995

台東／089-352-511

台東／綠島機場（089）672-830

台東／蘭嶼機場（089）732-415

馬祖／北竿機場（0836）55658

<遠東航空>

台北／02-2545-3351

嘉義／05-286-1956

台南／06-225-8111

高雄／07-335-3351

花蓮／03-826-7351

台東／089-323-351

金門／0832-27331

<國華航空>
台北／松山機場　02-2514-9636
台中／水湳機場　04-2425-4236
高雄／07-332-0608
花蓮／花蓮機場　038-26-3989
台東／089-326-677
台東／綠島機場　089-672-585
台東／蘭嶼機場　089-732-035
澎湖／馬公機場　06-921-6966
澎湖／七美機場　06-997-1427
馬祖／北竿機場　0836-56561～2

<復興航空>
全省訂位專線／080-066-880
台北／02-2972-4599
嘉義／05-286-5422

台南／06-222-7111
高雄／07-335-9355
花蓮／03-832-9181
台東／089-322-001
馬公／06-921-8500
金門／0823-21501

傳真訂位必須填寫預訂日期、班次、航段、旅客姓名、連絡方式，凡機位可確認者將於當日回覆，如機位已滿將放置於後補名單，待機位可確認後再行回覆。

<瑞聯航空>
台北／松山機場　02-2718-3322
高雄／小港機場　07-806-8348
金門／尚義機場　0823-22806

主要離島交通船訂位電話

離島名稱	交通船	起迄航站	聯絡電話	船次時刻
澎湖	台華輪	高雄←→馬公	高雄(07)551-5823 馬公(06)926-4087	每天幾乎都有航班，但會視淡、旺季加減班次，行前宜先詢問最近時刻表。
	阿里山號	嘉義布袋←→澎湖鎖港	嘉義(05)222-6859	每天1～2個班次，開船時間不固定，採團體預約；冬季停駛。
綠島	新蘭嶼輪	台東富岡→綠島	台東輪管處(089)328-015	每周二、五發船，只有單程。
	龍豪輪	台東富岡←→綠島	台東(089)330-756	每天幾乎都有航班，但會視淡、旺季加減班次，需要事先預定。
	長安輪	台東富岡←→綠島	台東(089)325-338	採預約登記，視人數機動發船。
	占岸輪	台東富岡←→綠島	台東(089)320-413	採預約登記，滿50人才發船。
蘭嶼	新蘭嶼輪	台東富岡←→蘭嶼	台東輪管處(089)328-015	每周二、五發船，次日返回台東。
	長安輪	台東富岡←→蘭嶼	台東(089)325-338	採預約登記，視人數開航。
	占岸輪	台東富岡←→蘭嶼	台東(089)320-413	採預約登記，滿100人才發船。

景德光學科技有限公司

William Optics

http://www.optics.com.tw

國家圖書館出版品預行編目資料

台灣觀星地圖 = The map of observing stars
／楊德良、鄭蕊齡圖‧文.－－再版.－－
臺中市：晨星，2003〔民92〕
面；　公分.－－（台灣地圖；21）

ISBN 957-455-569-0（平裝）

1.星座 - 通俗作品　2.台灣 - 描述遊記

323.8　　　　　　　　　　　92019721

台灣地圖 21

台灣觀星地圖

著　　者	楊 德 良 、 鄭 蕊 齡
文字編輯	林 婉 如
美術設計	林 淑 靜

發行人	陳 銘 民
發行所	晨星出版有限公司
	台中市407工業區30路1號
	TEL:(04)23595820　FAX:(04)23597123
	E-mail:service@morning-star.com.tw
	http://www.morning-star.com.tw
	郵政劃撥：22326758
	行政院新聞局局版台業字第2500號
法律顧問	甘 龍 強 律師
製作	知文企業（股）公司　TEL:(04)23581803
初版	西元1999年5月30日
再版	西元2003年12月31日

總經銷	知己實業股份有限公司
	〈台北公司〉台北市106羅斯福路二段79號4F之9
	TEL:(02)23672044　FAX:(02)23635741
	〈台中公司〉台中市407工業區30路1號
	TEL:(04)23595819　FAX:(04)23597123

定價350元
（缺頁或破損的書，請寄回更換）
ISBN.957-455-569-0
Published by Morning Star Publisher Inc.
Printed in Taiwan

更方便的購書方式：

(1)**信用卡訂購**　填妥「信用卡訂購單」，傳真或郵寄至本公司。

(2)**郵 政 劃 撥**　帳戶：晨星出版有限公司　　帳號：22326758
　　　　　　　　　在通信欄中填明叢書編號、書名及數量即可。

(3)**通 信 訂 購**　填妥訂購人姓名、地址及購買明細資料，連同支

t購買1本以上9折，5本以上85折，10本以上8折優待。

t訂購3本以下如需掛號請另付掛號費30元。

t服務專線：(04)23595819-231　FAX：(04)23597123

t網　　　　址：http://www.morning-star.com.tw

tE-mail:itmt@ms55.hinet.net

◆讀者回函卡◆

讀者資料：

姓名：_____　　性別：□ 男　□ 女

生日：　／　　／　　　　身分證字號：_____

地址：□□□_____

聯絡電話：　　　　　（公司）　　　　　　（家中）

E-mail _____

職業：□ 學生　　　□ 教師　　　□ 內勤職員　□ 家庭主婦
　　　□ SOHO族　□ 企業主管　□ 服務業　　□ 製造業
　　　□ 醫藥護理　□ 軍警　　　□ 資訊業　　□ 銷售業務
　　　□ 其他_____

購買書名：_____

您從哪裡得知本書：□ 書店　　□ 報紙廣告　　□ 雜誌廣告　　□ 親友介紹

□ 海報　　□ 廣播　　□ 其他：_____

本書評價：（請填代號 1. 非常滿意　2. 滿意　3. 尚可　4. 再改進）

_____版面編排_____內容_____文／譯筆_____

：

□ 心理學　□ 宗教　　□ 自然生態　□ 流行趨勢　□ 醫療保健
經企管　□ 史地　　□ 傳記　　□ 文學　　　□ 散文　　　□ 原住民
小說　　□ 親子叢書　□ 休閒旅遊　□ 其他_____

信用卡訂購單（要購書的讀者請填以下資料）

書　名	數　量	金　額	書　名	數　量	金　額

□VISA　　□JCB　　□萬事達卡　　□運通卡　　□聯合信用卡

• 卡號：_____　　• 信用卡有效期限：_____年_____月

• 訂購總金額：_____元　　• 身分證字號：_____

• 持卡人簽名：_____（與信用卡簽名同）

• 訂購日期：_____年_____月_____日

填妥本單請直接郵寄回本社或傳真 (04) 23597123